逆转开局

丁辉 ◎ 著

台海出版社

图书在版编目（CIP）数据

逆转开局 / 丁辉著 . -- 北京：台海出版社 , 2024.
6. -- ISBN 978-7-5168-3877-8

Ⅰ . B848.4-49

中国国家版本馆 CIP 数据核字第 2024CA3262 号

逆转开局

著　　者：丁　辉	
出 版 人：薛　原	责任编辑：俞滟荣

出版发行：台海出版社
地　　址：北京市东城区景山东街 20 号　邮政编码：100009
电　　话：010-64041652（发行，邮购）
传　　真：010-84045799（总编室）
网　　址：www.taimeng.org.cn/thcbs/default.htm
E - mail：thcbs@126.com

经　　销：全国各地新华书店
印　　刷：河北鹏润印刷有限公司
本书如有破损、缺页、装订错误，请与本社联系调换

开　　本：880 毫米 ×1230 毫米	1/32	
字　　数：128 千字	印　　张：7.5	
版　　次：2024 年 6 月第 1 版	印　　次：2024 年 6 月第 1 次印刷	
书　　号：ISBN 978-7-5168-3877-8		

定　　价：59.80 元

版权所有　翻印必究

推荐序
努力奔跑，得偿所愿

我给很多学生做过升学规划或职业规划，丁辉属于我见过很有目标、很有规划意识的那一类。他很清楚自己在不同阶段想要什么，继而寻找方法并付出努力，即便在他被认定为一个"混混"或"差生"时，也给自己定了一个很现实的规划——考上二本。二本成了很多学生的求职门槛，这却是丁辉自我追求的开始。多年以后，丁辉被人叫作"二本之光"，因为凭借韧劲和努力，他完成了自己的一个又一个目标，挣到了相比普通人"还不错"的年薪。许多人描述他的时候，说他是"放弃一切""推翻重来""背水一战"，似乎有点赌和运的成分，但他每每开始一个新阶段，都会进行谨慎评估；他每次决定转变，又会吸收、借鉴过往的经验，并在新的旅程里付诸全力。我想，这就是一个人努力翻盘、实现目标、证明自己的完整体现。

  这本书是丁辉的第一本个人作品，也是他对自己前一个阶段的总结。在书里，他表达自我、分享自我。他毫不遮掩自己看起来"破烂"的童年生活，不避讳讨论每次失败，更是诚心尽力地把自己的经验和方法都分享给读者。透过本书，我看到他在努力向上攀爬，看到他走出每个困境的决心，更看到他"逆转开局"的全过程。对于缺乏资源、内心迷茫、寻求规划、难以突破的每位年轻人来说，本书会给大家带来启发和帮助。

  一个人从出生开始，就会被安上各种"标签"。有些标签是暂时的，有些标签会跟随终生。"普通人""平凡人""聪明人"……这些标签可能会压垮一个激情满满的少年，可能会让一个人的人生就困在了那一面。好在，丁辉很坚强，他没被压垮，也没被困住。他是"背水辉""二本之光""家庭困难的普通人"，他也始终在努力摆脱标签的束缚，做回自己。

  我祝福本书的读者朋友们，在努力奔跑时，能活得开心一点儿，能做回自己，也能得偿所愿。

——张雪峰

高考择校名师、知名考研讲师

推荐序
我们都可以活出自己的光亮

一个晚上的时间,我一口气读完了这本书,的确,它犹如一面镜子,映照出当代年轻人面临的内心挣扎、外界压力与自我认知的探索之旅。书中,丁辉老师以其亲身经历与深刻洞察,生动揭示了面对贫困与自卑时,如何不以此为羁绊,勇敢做自己的勇者,坚持寻找内在的价值感与平衡点,进而突破环境限制,成就更好的自我。

丁老师提到,要学会在群体中独立思考,不盲从偏见,不被社会刻板印象所左右,敢于质疑既有观念,勇于探索真理。正如他所说,面对生活中的挫折与不公,我们不应沉溺于自卑与逃避,而应学会以爱的力量拯救自己,如同他的班主任给予他的救赎,从而在困境中找寻自我成长的方向。

在独立思考与融入环境的过程中,丁辉告诫年轻人要有批判性思维,不轻易被舆论潮流裹挟,尤其在面临抉择与追求成功时,要摆脱"存在即合理"的懒惰思维,深入探寻事物的本质。同时,他提倡广泛阅读,通过书籍拓宽视野,增强独立思考能力,从而更好地认识自我与世界,而不是盲目追求成功的表象。

丁辉还深情描绘了对逝去亲人的缅怀,通过接受离去的现实,体悟生命的无常与宝贵,倡导珍惜当下,全力以赴地生活,因为生命的意义不仅在于体验丰富多元的经历,更在于能够在有限的时间里留下独特的印记,为世界贡献自己的价值。

书中生动讲述了一个普通人如何从自卑与困顿中破茧而出,通过把握机会、勇敢行动、坚持不懈的努力,逐步成长为独立自主的个体。丁辉老师的文字饱含对生活真谛的深刻理解,鼓励年轻人直面生活中的种种难题,以豁达的心态接纳自我与环境,活出属于自己的光彩。

本书是一部为年轻人量身打造的心灵启示录,它激励每一位读者克服自卑、不畏艰难,学会独立思考,坚定地追求自己的梦想,勇敢地活出独一无二的人生,而这正是成长过程中不可或缺的必修课。

在这部触动人心的作品中,丁辉老师以其真实而又动人的笔触,诠释了平凡生活中的英雄主义。面对自卑与贫困,他鼓舞年轻人挑战自我、超越局限,以爱为盾,以信念为剑,成为自己人生的勇者。书中流淌着对生活本质的深刻感悟,强调坚守良知、勇敢逐梦的重要性,传递着积极向上、坚韧不拔的精神力量。不论你是正在迷茫中寻找方向,还是已在奋斗路上砥砺前行,都将从中收获启发与勇气,明白生活虽坎坷,但我们都可以活出自己的光亮,书写独一无二的人生篇章。这部作品不仅是个人成长的智慧锦囊,更是献给所有怀抱梦想、勇闯天涯的年轻人的精神指南。

——李尚龙

作家

CONTENTS 目录

01 / 你可以做自己的勇者

自卑，不应该成为你的负担 …… 002

感谢自己的不完美 …… 009

贫困不是放弃自我的借口 …… 014

对自己和他人的评价"克制些" …… 024

找到自己与环境的平衡点 …… 034

身处嘈杂，多听自己内心的话 …… 041

把自己活成一道光 …… 047

02 从想法到行动，别停在第一步

别让平庸成为你不努力的借口 ······ 058

人生不设限，给自己一份满意的答卷 ······ 069

找到督促你前进的人 ······ 081

令人心动的机会，可求不可遇 ······ 092

03 把自己作为方法

带着目标奔跑 ······ 104

职业规划，找到自己的价值感 ······ 116

从想要到做到：努力决定高度 ······ 124

别让"热爱"成为道德绑架 ······ 129

"赚钱"是重要的过程 ······ 141

04
你就是你，没有任何标签能定义

"二本"之光，各有各的耀眼 ······ *156*

强求认同，不如精进自己 ······ *167*

成家立业，没什么唯一衡量标准 ······ *178*

三十不焦虑，你有你的人生节奏 ······ *187*

05
说不出的乡愁，是你前行的灯

我最坚强的至亲 ······ *194*

我的童年说："要努力求索" ······ *202*

长大后，我学会告别和离去 ······ *206*

吾心安处是归途 ······ *218*

01

你可以做
自己的勇者

自卑，不应该成为你的负担

初二那年，奶奶从一个远房亲戚那里拖回一蛇皮袋衣服，那是远房表哥淘汰的一批旧货，对我而言却是如获至宝。我好像走进了一个前所未见的大型购物商场，一件一件地试遍了所有衣服。最终我挑出一些不那么"碍碜"的——有深蓝色点缀着破洞的牛仔裤，有背面印着大骷髅头的冲锋衣，还有缺少几颗纽扣的衬衫。虽然裤腿有点长，上衣也并不合身，那却是一个普通家庭能给一个青春期少年提供的全部门面，穿着它们，我似乎在同学中找回了自信。

我其实是自卑的。初中阶段的孩子已经有了很强的自我意识和自尊心，但那个时候的自尊并不成熟，心灵的富足、自我价值的实现对一个孩子来说太过深奥，而外在的体面形象所带来的羡慕的眼光，却很容易在同学们中传播。这种满足感有巨大的吸引力，而我永远被别人吸引着。

爷爷奶奶的关注点远远没有满足我，他们永远觉得这个冬天只要你不会被冻着就行，厚重的老棉袄和蹩脚的老棉鞋是整个冬天我仅有的御寒之物。这种"老土"的搭配在老一辈的眼里比任何花里胡哨的服饰都实用，却让我在青春时尚的校园里成了被人嘲笑的对象。

这或许是大部分农村留守儿童的真实写照，老人的关心无微不至，却因为年龄的差距和思想的隔阂，缺少了对青春期的孩子情绪的关照。

我害怕别人谈论我那双大了好几码的老棉鞋，所以跑操时我习惯性地站在人群的最后，放学时总是等到教室里没人了才蹑手蹑脚地离开。我不愿别人看到我那辆用了十几年的凤凰牌大杠自行车，除了铃铛不响哪里都响。那辆自行车是爷爷从废品收购站淘回来的，尽管我要很吃力才能骑上去，尽管我的脚只能勉强够到脚踏，尽管我一百个不愿意，但没有它意味着我每天要来回走近八公里的路上下学。我不敢邀请同学到家中做客，因为家中的简陋会加重自己的局促和不安。我甚至没有勇气和暗恋的女孩子开口说上一句话。贫穷和自卑，在我的整个青春期似乎成了一种负担。

自卑、偏见与渴望关注

我们不得不承认，家庭贫困意味着生活条件的受限，当基本生活需求都无法被满足时，人会感到无助和自卑。贫困也可能会招致排斥和歧视，在社会中，有些人习惯仅通过财富和社会地位评价自己和他人。很多人羞于承认，即使是刚上初中的孩子，潜意识里也会存在"穷爸爸、富爸爸"这样的评价系统。

有人选择在小时候就释放这种偏见，有人选择在成年后，有人选择终生克制。尽管我们内心渴望包容和平等，但有一部分人对贫困人群并不宽容，而是充满了刻板印象。有一次，当数学老师发现他放在办公室的 MP3 不见了，无辜的我成了头号嫌疑人。那时我似乎也能意识到，为什么贫穷的人做得再好也会招致嫌恶，因为总有人存在一种偏见，即富裕家庭培养出来的孩子一定更自信、更诚实，品行更端正，也更有作为。

比偏见本身更值得重视的是，排斥会导致关注和关怀的缺失。很多孩子自卑的外表下隐藏着一颗叛逆的心，这看上去可能有点矛盾，其实是对周遭忽视的一种无声反抗。

初、高中时，我总是故意考砸，因为0分的试卷可以让老师把父亲从遥远的地方喊回来；我参与了很多次"引以为傲"的聚众斗殴，事后被全校通报，别人诧异的目光却让我扬扬得意；初一住校时我常常半夜溜出去上网包夜，这样就可以和社会上那些"流氓"青年打成一片。凌晨5点，我在学校大门口看到爷爷——他半夜接到学校的电话，赶到学校却找不到我，只能呆坐在学校的保安室长达4小时，但我并没有因此而收敛。现在看来，我获得这些"关注"的同时，也在慢慢滑向堕落的深渊。

以爱的身份挽救自卑的我

初三的班主任挽救了我。

在九月的一个炎热的晚自习上,教室里同学们在放声背诵着枯燥的文言文,环境嘈杂,我昏昏欲睡,这时一只手在我肩膀上拍了拍。在教室旁边、楼梯中间的那间办公室里,班主任首先向我道了歉。我对她一直充满着敌意,原因是在暑假补课时,她当着全班同学的面辱骂了我。早在初二时我们就听闻她的大名,她所管的班级以"班风严厉"著称,成为她的学生毫无疑问是一种"折磨"。所以当她善意地请我起来背诵某篇课前布置的文章段落时,我再一次选择了叛逆。她告诉我之前并非针对我,班级里像我这样的孩子不在少数,任何一个敢于挑战新权威的刺头,下场都是狼狈的,很遗憾我是第一个"吃螃蟹"的人。

曾经看似遗憾,现在想来,何尝不是一种幸运。

她了解到我母亲很早过世,却没有像其他老师那样觉得我缺少教养,而是从我倔强的语气和玩世不恭的态度中,察觉到了我的脆弱和伪装。我记得她说我的本质是善良的,她告诫我:"不管走多远,都要记得自己来时的路,你的家庭、你的亲人,无论贫穷还是富裕,那都是你的一部分,你要坦然地接受它。"最后,**她说:"生活上遇到任何问题,可以告诉我,如果你有需要,也可以把我当妈。"**

时至今日,这依然是我在整个求学生涯中听到过的最温暖的一句话,简单、真诚,没有过多技巧,却直击灵魂深处,在这个我憎恨了一个暑假的"敌人"面前,我第一次低下了高高昂起的头颅,泪流满面。不夸张地说,是她拉回了差点误入歧途的我,不是以一位老师的身份,而是以母亲的身份。很多年过去了,我依然铭记她当时的眼神和表情,那间小小办公室里的短短一个小时,是我至今依然想回去的时光。

她是这么说的,也是这么做的,我的座位被她从最后一排调到了第三排,那是我坐得最靠前的一次,同桌是班上的学霸;她上课经常会提问我,一直充满善意。和以前不同的是,我也开始报之以李,每一次成绩提升她都会在全班同学面前点名表扬我。

在她的班级中，我得到了更多的关注，成绩的提升也让更多同学接纳了我，我的注意力似乎不再放在穿着打扮和家庭条件上。尽管有时我还穿着奶奶缝的老棉鞋，但它和同桌脚上 300 元的名牌篮球鞋好像也没有太大区别了。

感谢自己的不完美

爱,可以化解自卑。

这个世界上有两种爱:一种是爱自己;一种是爱他人。无论哪一种爱,都是疗愈自卑的良药。在我初中最自卑的时刻,我很幸运地同时拥有了两者。

被爱的我,学会爱自己

在班主任的鼓励下,我逐渐与自卑和解,接受了自己贫寒的家庭,也习得了爱自己的能力。直到现在,每当我因面临某个棘手难题而感到无能为力时，接纳自己会先于自我怀疑，我不再陷入自卑，而是直面真相。爱自己，就是学会接受自己的不完美，这是超越自卑的第一步。

我们似乎总在追求完美，小时候追求光鲜亮丽的穿着，长大后追求无可挑剔的外貌、无懈可击的表现和无与伦比的成就，因此常常陷入物质自卑、容貌自卑、事业自卑的情绪当中，但有一个不争的事实是：每个人都是不完美的，这并没有什么错。家境贫寒也好，相貌丑陋也好，恰恰是这些不完美，才构成了我们独特的个性和魅力。

卢梭从不掩饰自己是钟表匠的儿子，他的身份也并不妨碍他发表《社会契约论》；而独眼驼背的卡西莫多，却有世界上最善良的心。自卑是对自己的否定，而爱自己是对自卑的超越——学会接受自己的不完美，当我们不再被外界的评判所束缚，才能摆脱对自己的苛求和自责，独特和真实才会显露，自卑也会得以克服。

后来，我读到了王阳明的"心外无物"，这又何尝不是一个接受自己不完美的过程。骑着破旧的自行车去上学和坐在保姆车里去上学没有分别，我还是那个我，同学还是那些同学，如果前者自卑、后者自信，那也仅仅是因为自己的心境不同。稻盛和夫说，除了生病以外，你所感受的所有痛苦，都来自你的价值观。你怎么看这个世界，世界就会怎么看你，当满眼都是自己的缺憾时，整个世界的底色就是灰暗的。

接受自己的不完美，并不意味着我们要停止前进，而是让我们能在看清生命的真谛后更加热爱生命，让我们有更加真实和自由的起点，就像我深刻地知道我的来处，所以我选择拼命奔跑，就像大部分的寒门子弟，往往更加坚韧和踏实。爱自己也不意味着自满和自负，而是客观地接纳自己的独特和缺憾，谁也不能否认：宝剑锋从磨砺出，梅花香自苦寒来——从缺点中学习，在泥泞中不断改进和成长，当我接受自己，我才能改变自己。

被爱的我，也学会了爱他人

更让我感到幸运的是，初三那年，我学会的不仅仅是爱自己，也学会了如何去爱他人。当我意识到每个人都有自己的缺点和弱点，但这并不意味着我们不值得被爱时，我也尝试着更加宽容地看待他人的不完美，就像当年班主任对我那样。

阿尔弗雷德·阿德勒在《自卑与超越》中说"我们每个人都有不同程度的自卑感"，因为每个人都有处于劣势的时候。在我还不谙世事的时候，我曾妄加指责一位善良的伙伴"过分抠门"，带头孤立他，直到他退学我才知道他是孤儿，寄居在并不富裕的大伯家。**我从他的自卑中收获了"优越感"，但也许把他推入了深渊，直到现在我也没有机会对他亲口说一声"对不起"**。我们似乎都是不幸的，但他比我更加不幸，因为同样处于自卑中的两个少年，我得到了爱，他却遭遇了歧视。

我时常在想，如果当年我给予他爱与包容，给他尊重和关注，他会不会也能考上大学，过上另一种不一样的人生？他现在是否会意气风发？随着年龄增长，我越来越发现，每个人都有自己的故事和背景，每个人都有自己的挣扎和成长，所以当我的朋友处于无助和自卑中，在被忽视、被遗忘时，我不再批判，而是用爱去理解和尊重他们的不完美，也许在不经意间，我们就能拯救一个失落的灵魂。

后来不负班主任的期望，我考上了市区排名第二的高中，但和学业上的进步相比，我更感谢她教给我的人生道理——给予自己爱和关怀的同时，也给予他人爱与关怀。这是一个正向循环，接受真实的自己，才能接受真实的他人，拥抱他人，他人也在拥抱你。

现在我的生活条件已经大大改善，也摆脱了当年的状态，虽然仍旧走在奋斗的道路上，但确实不用再为买一两件新衣发愁，那辆老旧的自行车已经在岁月的洗礼中成了永恒的记忆，曾经破旧的小屋也早已翻新，当年那个自卑的少年正昂首阔步地走在自己人生的康庄大道上。曾经的我可能是很多人现在的缩影，如果你正经历着自卑，或者你身边有人正经历着自卑，请记住：爱可以治愈一切。

贫困不是放弃
自我的借口

我们有时会看到这样的新闻：衣衫褴褛的拾荒老人骑着破旧的三轮车，颤颤巍巍地将自己毕生积蓄全部捐献给红十字会，工作人员推脱不过，无奈收下沾满汗水的毛票，老人拒绝透露姓名和住址，甚至拒绝合影，只留下一个蹒跚的背影和那份从容的善良。

每次看到这样的新闻，我都会感动得热泪盈眶。尽管从理性角度而言，我并不支持老人的做法，我不知，在寒冷的冬天他是否依然流浪于嘈杂的街头，大雪纷飞时他是否依然佝偻于破旧的桥洞下。老人也许更应该用这笔钱改善自己的生活状态。但从感性的角度上来看，我毫无疑问敬佩老人的举动，扪心自问我很难做到，在我看来这甚至比成功的企业家一次性捐出几个亿更加难能可贵，因为一个人如果能在极度贫困中仍然保持善良，那他一定是个好人。

勿以恶小而为之

在贫困中保持良知，这是爷爷奶奶从小教给我的道理。

爷爷年轻时做过生产队的队长，负责管理生产队的粮仓，在那个吃大锅饭的年代，队长利用职权给自己家属开小灶的现象并不少见，但爷爷一直恪尽职守。爷爷共有三个儿子，最后留下来的只有我父亲，父亲的两个哥哥在饥荒中没活下来，即使这样，爷爷也没有从生产队拿过一粒米。直到很多年后，谈及此事奶奶依然耿耿于怀，但扼腕悲叹中，更多的是无奈，以及对丈夫的理解。其实二老都没有受过什么教育，爷爷只念过几年书，奶奶更是目不识丁，我不愿意将此美化成大公无私或者廉洁奉公，我更愿意相信这是根植在劳动人民灵魂深处最质朴的善良，即使穷困潦倒，也不损人利己。

四年级的时候，因为羡慕别人有双层文具盒，我在课间偷偷将它藏进了自己的书包。拥有新文具盒的喜悦还没有来得及消化，昏暗的灯光下爷爷就发现了这个"不速之客"。我一时还没有意识到事情的严重性，直到他拖着赤条条的我，在冰冷的雨夜蹚过泥泞的小路，令我跪在邻居家门口。现在回想那个场景，我拒绝迈出认错的第一步，脾气火暴的他便拖着我的一只手冲出门，我躺在地上挣扎，用屁股摩擦地面以减缓前进速度，以至于泥水褪去了我的裤衩，在响彻整个村庄的号叫中，我最终极不情愿地承认了我的错误。

奶奶是心疼我的，但在这件事情上她选择和爷爷站在一起，整个过程中她没有护短，也没有阻止，她只是跟着跑了一路。在我认错的第一时间，她给我穿上了裤衩，披上了外套，我狠狠地推开了她，她的脸上全是水，不知道是雨还是泪。那种皮质的、有很多功能区、设计很时髦的文具盒我已经心仪了很久，但拥有它一直是奢望，我曾多次请求爷爷奶奶给我买一个，十元的售价让他们觉得并无必要，我在价值观还没成型的少年时期，满足艰苦中那些不切实际欲望的最好方式也许就是不劳而获，幸运的是，在我还没有越走越远的时候，这种卑劣的行为模式就被杀死在摇篮中。

那个周末，我跟着爷爷到工地上拉了一天的水泥，第二天我得到了一个带磁吸的崭新文具盒，它是干净的，完全属于我的。爷爷告诉我：贫穷不是作恶的借口，哪怕要饭，也莫要偷鸡摸狗。

贫困中守住底线，这是家庭给我上的关于良知的第一课。尽管为那件事我记恨了爷爷好长时间，但效果影响深远。农村家庭对孩子的教育大多没有太多的技巧，鲜少循循善诱，也不会引经据典，但这种"粗暴式"教育却让"勿以恶小而为之"从此刻深入我的骨髓。

我们经常讨论人性本善还是人性本恶，孟子认为人性向善，而荀子说"人之性恶，其善者伪也"。基于"原罪"的讨论，很多西方哲学家也倾向于人性本恶，叔本华甚至认为从婴儿出生开始便可看出人根本是自私的、野蛮的，人是万物中最可怕的野兽，所以才需要文明和法制来约束人的行为。但无论哪种观点，我们都无法否认教育的作用：若人性本善是一种内在的天赋，那教育便可以让善良的品质发扬光大；若人性本恶，那教育便可以遏制我们内心的幽暗，引导我们向善。

教育对于一个人品性的培养是举足轻重的，最直观的体现就是家庭内部的言传身教。我们总有一种偏见——穷山恶水出刁民，虽然对这句话有很多侧面的解释，但从教育的维度去看，我们总习惯性地认为：贫困往往意味着教育的缺失，由此导致邪恶的野蛮生长。但过往的经历告诉我，家庭教育并非像社会教育那样需要分配社会资源，贫困和富有的差别在家庭教育中并非占据绝对主导作用，父母本身的善恶品性对孩子的塑造往往起着决定性作用。一个去过大凉山支教的北京朋友告诉我，大凉山的孩子很大程度上比他见过的其他富裕家庭的孩子更善良、更纯真，而他们的父母，大多是贫困的。

贫瘠时，守住自我

不过，在贫困中保持善良并非易事，贫穷有时会把一个好人逼成坏人。

我少年时候的一个玩伴，原本成绩优异，后来父亲在工地上失足摔下导致半身不遂，母亲改嫁后，他便辍学承担起照顾父亲的重担。毫无疑问，他是一个善良的孩子，但微薄的收入和救济无法维持父亲的医药费,不久后令人震惊的消息传来,他在一次入户盗窃中用剪刀捅死了一名独居老人,最终被判处无期徒刑。我曾经设想过,如果我也面临他这样的境遇,会不会同样铤而走险。我的家庭不比他好多少,上大学的费用也是东拼西凑,有段时间我甚至也想过去坑蒙拐骗,但事实证明我和他走向了不同的道路。

四年级的那个文具盒让我深切地明白,判断一个人的好坏,不是看他富裕时做了多少善事,而是看他在贫穷时能否坚守底线。贫穷,是人性的试金石,有人在贫穷中放弃了良知,有人在贫穷中守住了底线,前者不一定值得被谴责,但后者一定值得讴歌,也许正因如此,那个19岁背着尿毒症母亲上大学的刘婷才会感动中国,《悲惨世界》中的冉阿让才能既摆渡了他人,也救赎了自己。

当然,何为善良,也许每个人的理解不尽相同,在我看来,善良有两种:一种是内善;一种是外善。贫穷中守住自己底线的是内善;身处困境中的感恩之心,珍惜所拥有的一切也是内善;而关注他人的需要,培养同情心和理解力的则是外善。

我相信很多人都看到过社交媒体上关于美国法官卡普里奥的温暖审判，其中一期我印象特别深刻：一位女孩由于4次通宵违停而面临200美元的罚单，因为她没有自己的车位，善良的法官思考后决定将200美元改成20美元。但在随后的交流中，法官得知女孩独自抚养10个月的孩子且处于失业中，考虑到对方的窘迫处境，卡普里奥最终撤销了罚单，他说：我们不能让你支付罚单，可能当你晚上回家的时候需要给孩子准备食物，如果你支付了这20美元，你就没有足够的钱购买食物，我们不允许这样的事情发生。最后，卡普里奥从社会捐赠中给予了这位单身母亲50美元的援助。

这个视频获得了百万点赞，我相信最让人动容的地方并非免除了200美元的罚金，而是法官一直站在一位母亲的角度，用爱和同理心，去治愈这个冷冰冰的世界。我虽然不赞成孑然一身时的倾囊相助，但站在他人的角度思考问题，理解别人的处境和困难，给予他人希望和温暖，对每个人而言并非难事，这和财富多少无关。

在我小的时候，奶奶看到流浪汉，都会从家中为数不多的口粮中分出一点，哪怕只有一碗米、一碗粥，即使改变不了他们的命运，但力所能及的一点帮助，至少可以让他们在这个瞬间不是无助的。善良，可以是物质的，也可以是心灵的。

不过善良有时候也会遭受挑战，尤其是贫困中的善良。有位哲学家说："穷人的慷慨与浪费，远比富人的贪婪与吝啬更加恶劣。"我们当然可以善意地将这里的穷人限定为那些想不劳而获又贪图享受的人，但无论怎么限定，总有部分无辜之人会遭受情感上的伤害。这位大哲学家的这个观点我不敢苟同，穷人的慷慨这件事本身就无比珍贵，就像拾荒老人的捐赠一样，即使不被认同，但依然值得歌颂，因为并非每个人都能毫无保留地奉献自己的全部。

我们很多时候习惯性地质疑别人善良的动机，当看到某富豪捐赠图书馆时，我们会揣测他是不是图名，当看到某"网红"向灾区捐赠物资时，我们会质疑他是否为了作秀带货，这种质疑在穷人身上似乎更加赤裸——清华大学贫困生每月只花400元却资助4名贫困儿童，部分网友的关注点却集中在其身份和资助细节上，并谴责此人为什么要将此事发出来，仿佛穷人只要表达善意，一定是为了获得某种回报。

2021年郑州发大水,我恰处于灾区中心,出于同情,我在可以承担的范围内捐赠了2万元,那时候我虽说不上贫困,也绝非富裕,但同样被人质疑是否别有用心。对此我并不在意,因为善良从来不体现为言语和动机,而是行动,这正是"论心不论迹"的体现。

我们永远无法控制自己的想象力,人的一生中总会出现许多邪恶的想法,但我们可以控制自己的行为,想法再邪恶,只要没有行动,那就没有谴责的余地。同理,无论穷富,只要去帮助别人,那我们就可以说,这是善良之举,即使另有所图,或仅仅是出于茶余饭后的想法。

某天晚上,恰逢北京下雪,我和一位友人吃完火锅后走在回去的路上,一位阿姨骑着小黄车从我们身边经过,她身上斜挎的黑色布袋里装着一把玫瑰。她停下车问我们要不要花,朋友开玩笑说:"阿姨,你看我俩都是男的啊!""便宜点要不要,5块钱一束,卖完我就回家了。"她语气中充满了小心翼翼,甚至有一点祈求。我们没有说话,继续向前走,雪花落在她的头发上,她失望地骑到了我们前面。路灯下,她用力地蹬着脚踏,路面湿滑,她很努力地平衡着方向。我刚交完房租，还完信用卡，于是我问朋友有没有现金，朋友点头。我追了上去，买走了阿姨全部的玫瑰花。回家后，我把玫瑰花插在笔筒里，家里暖气很足，外面大雪纷飞，我想，这个时间阿姨应该也已回到温暖的家里，正在陪伴自己的家人吧。我数了一下，总共十六枝，**我好像从来没有一次性买过这么多枝玫瑰花，这大概是我迄今为止最有钱的一次**。

是的，即使身无分文，但只要拥有一颗善良的心，我们就是世界上最富有的人。

对自己和他人的评价"克制些"

2018年,一部微电影《慧眼》爆红网络:一团迷雾的高速路上,大巴车载着形形色色的旅客驶来,随着客车急促地转弯,一声小孩的啼哭吵醒了昏昏欲睡的人们,面容和善、穿着朴素的夫妇手足无措,慌忙给孩子喂着奶粉的同时,不停地鞠躬道歉。前座满脸胡楂的中年男人却拦住孩子的父母索要精神损失费,正义的乘客们纷纷为父母站台,谴责男人冷血。直到警察到来,大家才发现所谓"父母"竟是人贩子,而无理取闹敲诈勒索的"坏人"才是正义的一方。这是一则关于"眼见不一定为实"的故事,同时也是一则关于"偏见"的故事。和车上路见不平的路人一样,我们常常也会习惯性地认为：衣着光鲜、举止端庄的往往是好人，穿着邋遢、长相凶狠的往往是坏人。

这个世界充满了偏见。某位担任公司高管的女士说：当她采取坚定的领导风格时，被贴上了"强势"或"难以相处"的标签，而同样的行为在公司的另一位男性领导身上出现时，却被视为果断和有决断力。在多元文化的社会，族裔和地域偏见也时有发生。年龄偏见似乎也屡见不鲜，因为大龄而遭遇区别对待可能是每个人都无法回避的宿命，阅历带来的丰富经验和稳定性在招聘中并非绝对优势，有些雇主可能更倾向于招聘年轻人，认为他们更有活力和创新思维。

偏见会"杀死"一个人

高考前的一个晚上，班主任喊我到办公室做高考志愿摸底谈话，当我拍着胸脯喊出"保底二本，冲刺一本"的豪言壮语时，整个办公室的老师都哄堂大笑，他们的偏见是，一个不务正业的非主流少年，能考上大专就是最好的归宿。他们笑得很大声，我直挺挺地站在办公室中央，局促无措，不知是该赔笑还是离开。

直到现在我还能感受到这种刺痛，受偏见的一方总是独自承受着尖锐的伤害和一生的潮湿，而释放偏见的一方，却很少会考虑到自己的一句话、一个眼神、一个举动所引发的后果。

我们习惯性地以异样的目光审视着留着"杀马特"发型的农村青年，谴责他们不学无术，但对于他们内心深处的无助和挣扎，我们却视而不见。当地铁上走进挑着锅碗瓢盆、身上点缀着油漆和白泥子的农民大哥，我们下意识地挪动屁股时，又有谁留意过他们卑微地坐到了地铁角落冰冷的地上。我们轻飘飘地把大龄求职者的简历扔进垃圾桶，但可曾想过别人翻山越岭而来，脚底沾满了泥土？我们扔掉的不仅仅是一张简历，还有别人多年的努力和希望。**偏见就像一张弓，拉开它毫不费力，但被射中的伤口却很难愈合。**

偏见甚至会杀死一个人。《罗密欧与朱丽叶》中的蒙太古和卡普莱家族之间的仇恨，正是因为长时间的误解与偏见，最终导致两个年轻人的殉葬。《杀死一只知更鸟》中的黑人小伙汤姆，善良正直，却被无耻的鲍勃诬陷强奸了自己的女儿马拉耶，尽管阿迪克斯的精彩辩论说服了法官，说服了所有的听众，但汤姆最后依然被认定为有罪，因为陪审团全是白人。阿迪克斯说，陪审团成员和理性之间隔着一层东西，是什么？歧视——黑人的肤色代表了"原罪"，代表了"邪恶"，即使真相昭然若揭，也抵不过人内心中的成见。汤姆最终没有死于绞刑，而是死于一次越狱，警察连开了十七枪，汤姆用死反抗了这种偏见。

我能理解人总是自私的，当雪崩来临时没有一片雪花是无辜的，但只要皮鞭没有落在自己身上，我们就可以置身事外并毫无顾忌，但我们必须明白，世事并非一成不变，**屠龙的少年也许有一天会变成恶龙，拉弓的人又何尝不会被另一支箭射中呢？**

既然偏见是普遍存在的，我们就必须承认大部分的人是无知的，因为无知产生偏见，但这种无知并非由于学历、知识的缺乏所产生，而是不能站在他人的经历、观点看问题。家境优渥之人往往更加理想主义，这本是好事，但不可避免总有个别人因此标榜自己不食人间烟火，并鄙夷那些为了柴米油盐而奔波的寒门之子。

但是,这些人若能明白,普通人用了30年仅仅到达他们的起点,他们一出生就拥有的可能是很多普通人一辈子也无法企及的高点,或许他们就能明白梦想被桎梏在一日三餐中并非什么罕见之事,理想主义也并不比现实主义高尚。有人辞官归故里,有人星夜赶科场,都是因为境遇不同、感受不同。乞丐也许会嫉妒另一个乞丐比他有钱,但一定不会嘲笑他是一个乞丐,国王永远不关注乞丐如何要饭,但一定会嘲笑他们不懂政治,不以天下为己任。

在心理学中,有个名词叫"首因效应",也就是我们日常所说的第一印象,很多人会凭借第一印象评价一个人,由此导致偏见,这在网络世界尤为明显。每个互联网公众人物,都有一个"人设",但人设仅仅是个人在网络环境中所展现出来的一面,而非全部。

我出现在公众视野时,是一家律所的实习生,出身贫寒,非法本,因为某些搬不上台面的理由学习法律——这几个标签似乎构成了网友评价我的全部视角,而当我转型做一名刑法老师的时候,偏见随之而来,"一个非法本的研究生凭什么教别人考研?""实习生能讲好刑法吗?""自己淋过雨就要折断别人的伞？"几句煽动性的偏见就可以抹杀一个人为了转型而付出的无数个日日夜夜。

我们常常依赖于第一印象去做出判断，并且固执地认为自己秉持公平的视角，显然事实并非如此，第一印象是静态的，而人作为一个复杂的整体，被评价的个人是动态的。当我宣布成为一名讲师时，距离那个求职节目已经过去了两年，两年的努力和积淀足以改变自己，却无法改变偏见。

正是由于这些经历，我现在很少对一个互联网人物不假思索地抨击，即使某些公众人物"人设"崩塌，我一般也会保持克制。我不支持，可以审慎地发表观点，因为那原本就是别人真实的样子，只是由于偏见，我们对他们投入了过多不切实际的美好幻想。

盲人摸象的故事早就提醒我们，每个人只能看到真相的一部分，面对复杂事物，尤其是面对他人，我们需要拓宽自己的认知边界，并学会接受不同的观点、背景和经历，而非固执于自己的偏见中。《杀死一只知更鸟》中说："你永远也不可能真正了解一个人，除非你站在他的角度考虑问题。"

这对绝大多数人而言也许很难,但至少我们可以尝试,至少不能仅仅凭着一点蛛丝马迹,就去轻易地评判别人的人生。

摒弃虚妄的优越感,才能摒弃偏见

我曾和某个女性朋友探讨过一个话题:为什么很多人会觉得衣着大胆或身上有文身的女孩往往品行不端?她从女性的立场给出了一种可能的解释:当我通过对对方做出否定评价时,我获得优越感,通过偏见,我强调了自己是一个品行端正的女孩。

优越感,多少肤浅之人的孜孜以求!不管我们承认与否,生活中我们多多少少都曾经通过对其他群体的贬低来获得某种优越感。男性会嘲笑女司机从而标榜自己的驾驶技术过硬;甲省人嘲笑乙省人普通话不标准从而强调自己字正腔圆;瘦子会嘲笑胖子从而突出自己代表了审美的趋势。在对别人的偏见中,我们似乎建立了自信,获得了愉悦。

但事实是,男司机的事故率远远高于女司机,乙省的优秀播音员大有人在,美丑从来也没有绝对的标准。在我读大学之前,从来没有离开过自己的家乡,我没有见过大城市的灯红酒绿,没有感受过繁华都市的高楼大厦,甚至30岁之前我都没有到过北京——见过世面,仿佛也能成为某种炫耀的资本,而没有见过世面,则沦为被嘲笑的对象。

前段时间,我在网上看到一条关于世面的评论,引发了很多人的共鸣,内容是:"你在卢浮宫欣赏艺术品,那是你的世面,放牛娃在山上奔驰,那是他的世面,世面就在这里,总有机会见一次。真正没见过世面的是,你指责放牛娃不懂艺术,放牛娃指责你不懂放牧。**城里的孩子见过高楼,乡下的孩子见过满天繁星。所谓世面,只不过是世界的一面。**"**其实,我们很多人所谓的高级,所谓的优越,不过是一种偏见。**

而这种优越感是靠不住的。我在小学的时候,曾因为成绩比别人好而沾沾自喜,到了中学我发现永远有人比我更优秀;我也曾因为别人仅仅是高中学历而获得过短暂的慰藉,直到在一群"985"面前无地自容。或许我们应该明白,优越从来不是来自对他人的歧视和偏见,而是来自自己的努力和提升,优越并非他人不行,而是自己足够强大。

有人问我："虽然你是华政毕业的，但和清北复交甚至常春藤的人一起竞争，你会自卑吗？"以前对于这样的问题也许我会觉得冒犯，但现在我会坦然告诉他："别忘了，在考上华政之前，我只是一个二本学生。"我们从不是在和别人竞争，而是在和自己的潜力竞争，战胜曾经的自己才是真正的优越，并且是可持续的。**要学会发现生命中那些真正值得我们骄傲的和优越的事情**，也许每个人对此的理解并不相同，可能是善良和慈爱，可能是品德和正直，也可能是自我接纳、自尊以及对社会的贡献，甚至是财富，但有一点可以肯定的是，生命中值得骄傲的事情，并非外在的美丑、胖瘦、毫无意义的贬低和攻击。

我一直相信，每个人都会发现自己生命最终的意义，但这确实需要经历和时间，摒弃虚妄的优越感，才能摒弃偏见。

偏见难除，但自我为真

当然，偏见永远无法被消除，也并非所有的偏见都是出于绝对的恶意，尽管我们可以控制自己不对别人释放偏见，但偏见有时会不请自来。

我很少招惹别人，时至今日，依然可以在网络上看到对我的诸如"凤凰男、小人得志、面相不好"这样的评价，以前的我可能会怒不可遏，甚至会当场反驳，如今我明白，每个人都有其独特的背景，每个人都是片面的和有偏见的，宽容、平静地面对他人的成见比对峙更有效。"鱼游于水，人行于道"，每个人都从容地游走在自认为正确的"道"上，永远不要尝试着去改变别人的偏见，因为人内心的成见是一座大山，一旦形成，任你如何努力都无法撼动。

接受偏见的存在和把偏见当作自己前进的动力并不矛盾，我们无须向偏见证明什么，但我们总要向自己证明。我考上本科不是为了回击老师们的嘲笑，而是告诉自己"我可以"；我努力成为一名优秀的讲师不是为了回击别人的质疑，而是想收获自己的成就和价值。世界是自己的，和别人无关，别让偏见扼杀了自己希望的幼苗。

史铁生说：视他人之疑目如盏盏鬼火，大胆去走你的夜路！

找到自己与环境的
平衡点

2010年那个暑假的某一天，我从家里出发，骑着电瓶车行程20多千米，回到了"奋斗"三年的母校，那天是母校张贴喜榜的日子，学校里张灯结彩，家长送来的鞭炮声此起彼伏。喜庆的红榜占据了一整栏告示板，那是莘莘学子三年的努力，也是一个高中三年的成果。在长长的"本科录取名单"的末尾，我终于看到了自己的名字，我兴奋地用借来的相机记录下了这份"榜名尽处是孙山，鄙人竟在孙山前"的喜悦，和前面诸多的被名牌大学录取的大学相比，我的名字似乎无足轻重，但对我而言，这却是一次重要的胜利，因为在此之前，所有的人都认为我考不上大学。

问题少年也期待融入集体

这种悲观的期待并非空穴来风。整个高中时期，我都是彻头彻尾的问题少年，经常调皮捣蛋、打架斗殴、上网打游戏。那时候非主流风靡全国，以至于高中三年我都是目中无人，并非我不讲礼貌，而是长过下颌的标志性刘海不允许我正眼看人；学校南边 500 米十字路口的网吧永远比闹哄哄的无聊课堂更具吸引力，凌晨三点和班主任的歇斯底里是我被抓现行时最后的倔强；和初中一样，我又回到了教室的最后一排，和我的好兄弟们一起睡觉，一起看《盗墓笔记》，一起用老旧的砖头机传着打"雷霆战机"。叛逆、对抗、退学充斥着我的青春。

不知道大家是否注意到，高中的"阵营"非常简单——要么是好孩子，要么是坏孩子。以我的德行，好孩子阵营自然不屑与我为伍，而坏孩子们除了学习不好之外，似乎闪耀着人性的光辉：外向、开朗、敢于挑战权威，并永远宽容地接受一切来自对面阵营的出逃者。我毫不犹豫地拥抱了我志同道合的兄弟们。人都是社会性动物，我不想游离于体系之外，所以我必须做出选择。这在学校里很常见，在任何群体中都有类似现象,即优秀的成本较高,堕落只需要放纵。不被良善接纳,结局往往沦为邪恶,这也是为什么有些初中时候成绩不上不下的孩子,进入高中(尤其是职高)后成绩急转直下。

我是个"异类",与行为上的放浪相比,我在冥冥中又有些"清醒"的意识。虽然我在"坏孩子"阵营获得了归属感,但越靠近他们,我越能感受到早早放弃希望后的无力。就像贫瘠的土地再也开不出绚烂的花朵,死寂的湖面再也荡不起粼粼的波光,取而代之的是在绝望中虚度光阴,人生如一片荒芜,一潭死水,所以我时刻告诫自己,我可以融入,但不能完全坠入尘埃,这不是我想要的人生,我要对自己的未来负责。

为此,我从来没有真正放弃过学业,甚至语文和政治的单科成绩一直名列前茅,这也是在志愿摸底时我敢说出"二本保底,争取一本"的原因,因为只有我自己知道,我对自己有着相对清晰的定位。也似乎是从那时开始,我已经懵懂地发现,越融入环境,越要独立思考。

人需要融入环境。人并非单独的个体，而是环境中的个体，人的价值通过环境赋予意义，《自卑与超越》的开篇就指明："人类生活在'意义'之中。我们一生中所经历的事物并不仅仅是单纯的事物，更为重要的是这些事物对我们人类的意义。"无论是为了获得社会认同感、安全感还是情感支持，我们总是渴望着与周遭的环境融为一体，新员工加入公司的第一天微笑着做自我介绍，大一新生积极参加社团活动，旅途中的人尽量和大部队保持步调一致，我们总是在探索、寻求个人和群体的连接。

除了违法犯罪等极端情形外，我非常鼓励大家尽可能地融入所在环境中。我认为一个完全活在自己世界中的人是可悲的，杜绝来自周围的情感交流往往也会催生自私自利。人无法完全为自己而活，年轻时为父母，年老时为子女，工作时为团队，社交时为朋友，婚姻里为爱人，人总是要承担起家庭和社会的责任，仅为自己独活，看似豁达，实则是逃避责任的理由，是弱者的借口，是被环境淘汰后的自我安慰。

融入集体与自我牺牲

融入环境可能会做出一些牺牲,这是必要的。**为了融入新的工作环境,需要投入更多时间学习新技能、适应新工作流程、了解陌生人;在团队意见出现分歧时,需要我们调整立场,甚至做出妥协,以达成共同目标、展现合作精神;为了维持亲密关系,在家庭中可能需要我们付出更多的关心和努力,这些都是必要的。**

相信每个人都有为了融入环境而退让的时候。大学时一个朋友为了不被室友孤立,不得不和她们交换秘密以增进彼此的感情,尽管她并不喜欢这样做,但她承认和孤独相比,这是必要的代价。职场中多少打工人为了迎合"其乐融融"的应酬氛围,强迫自己拿起酒杯一饮而尽。很多人为我感到惋惜,高中若能一心读书,也不至于背负着二本学历步履蹒跚,对此我从不后悔,因为与青春的回忆以及珍贵的友谊相比,第一学历的硬伤并非不能弥补。

牺牲在所难免,但在牺牲的过程中,我们依然要弄清楚哪些是可以放弃的,而哪些是必须坚守的,在合理的范围内权衡，保护自己的核心原则，这是独立思考的意义。如果仅为了讨好领导而无止境地加班，甚至对个人健康和家庭关系造成负面影响，此时也许提高效率比坐穿工位更重要。为了融入所谓自己心中的"上流"圈层而不惜"下流做派"，甚至违背个人价值观导致内心冲突和认同危机，此时，随遇而安要好过曲意逢迎的虚伪社交。

我们可以为了家庭忽视一些无关紧要的个人目标或生活方式，**但一定不能放弃自己人生最真实的需求，从这个层面出发，为他人而活和为自己而活并不冲突**。一位博士朋友说，他非常渴望在学术领域取得成功，他也知道迎合主流观点或权威人士可能更容易崭露头角，但他最终选择把创新精神和批判思维置于学术虚荣之上，学者不应缺乏独立思考——这恰恰是他独立思考的结果，用逢迎交换名声是一位学者的耻辱。

显而易见，越是融入环境，环境对人的影响越大，尤其是缺乏独立思考的人又身处负面和消极的环境中。所有人都明白近朱者赤、近墨者黑的道理，也都希望与优秀者同行，以期自己可以变得更优秀。但事实显然和理想状态相去甚远，有能力选择环境的人从不需要依靠朋友让自己变得优秀，而希望通过良好的环境优化自己的人往往没有能力选择环境。

换言之，大部分的人不是自己想不想近朱，而是被迫近墨。成功人士总是大谈要和优秀的人做朋友，却很少有人告诉我们，当无可奈何深陷泥潭时，也要保持独立思考的能力。瘾君子第一次吸毒往往都不是自主选择，而是受他人的蛊惑，我人生中抽的第一根烟也是因为最好的朋友们都在尝试。蓬生麻中，自然是最幸运的，故能不扶而直，但白沙在涅，却是人生的常态。

孟母三迁最终成就了中国历史上一位伟大的哲学家，摩西带领犹太人逃离古埃及才永远摆脱了被奴役的命运。离黑暗越近，越要保持自身的独立性，即使做不到出淤泥而不染，至少不能与之俱黑。

身处嘈杂，多听自己内心的话

每逢过年，我都会和我高中的那帮"不学无术"的好哥们聚会，他们中的很多人虽然最后没能考上大学，但也都在各自的人生道路上收获了属于自己的幸福。其中一位兄弟对我当年的操作十分好奇：明明大家一起选择了躺平，为什么你"咸鱼翻身"了？我对这个问题的答案是：要学会独立思考，但相比于独立思考本身，如何独立思考更重要。

学会质疑多种观念

环境的力量是巨大的，但值得注意的是，环境中群体的选择并非完全正确。大家认为的错误不一定是谬论，大家认为的正确也不一定就是真理，学会质疑群体决策是独立思考的第一步。

不少人都看过《乌合之众》，这本群体心理学的开山之作旗帜鲜明地告诉我们：个人在群体中智力水平和道德判断都会倾向于下降，并丧失独立思考的能力，很容易显示出盲目性和易受操纵性，但可怕的是群体行为有时是错误的，一味盲从只会使我们沦为乌合之众。法国大革命中，愤怒的群众攻占了巴士底狱，在这个被渲染成关押了大量政治犯的残酷地狱中，人们只发现了7名犯人，其中4名还是精神病人。指挥官德·洛内在被押往市政厅的路上，被一名厨师用随身携带的菜刀割下了头颅，这个厨师原本只是看热闹的，但在群情激昂的怂恿中他丧失了理智，最终成了刽子手。

2012年的抵制某外国货风潮，在某些人的恶意煽动下，逐渐变成了一场针对同胞的"打砸抢"事件。缺乏独立思考的人们依然习惯性站在道德制高点，假借正义之名行欲己之事。独立思考需要我们在群体事件中保持清醒的头脑和清晰的视角。

封闭的观念也值得反思。大家生活在信息森林中，各种观念枝繁叶茂，大部分人都是盲目地走进这片森林，对每一棵树都默许了它的存在。看到别人直播带货实现财富自由，坚信直播是风口，辞职跟风却忽视了幸存者偏差；看到别人考研逆天改命，一个猛子扎进浩荡大军，却忽视了专业区别和机会的决定作用。

大家身边一定都有这样一些朋友，秉持着"存在即合理"的原则，人云亦云，从不质疑，从不提问，盲目复制别人的成功经验，并坚信站在巨人的肩膀上一定可以成为巨人，而怠于去追溯源头，以至于摔得鼻青脸肿。亚里士多德说：吾爱吾师，吾更爱真理。约定俗成的常规观念并非一定和真理同行，从地心说到日心说，从君权神授到社会契约论，直至地平说被逐出历史舞台，对传统的质疑推动了历史的进程。"龙生龙，凤生凤，老鼠的儿子会打洞"，如果我对这句话深信不疑，此刻的我也许一事无成；"十年寒窗不如三代从商，三代从商不如祖上扛枪"，若我全盘接受，想必大家也不会看到我的拙笔浅文了。

在森林中穿行，我们需要停下来，仔细观察每一片叶子,寻找每一棵树的真实根源。当然,我所有的观点也仅仅是基于我的经验,属一家之言,尚未经过任何科学上精密的论证,如果你已经在质疑我上述观点的正确性,那恭喜你,你已经开始独立思考了。

广读万卷书

广泛阅读是独立思考的另一个重要途径。曾经的我把阅读视为煎熬,我没有读过很多书,没有见过很多人,没有去过很多地方,这导致我成了一个非常浅薄的人,时常局限在自己的一汪浅水中无法自拔,听到对立的观点总是急于反驳。很多人会把反驳当作自己独立思考的一种佐证,似乎反驳得越多,思考得也就越多。事实恰恰相反,这本质上正是因为缺乏独立思考。越无知的人往往越容易固执己见,因为他从不知道世界上还有与自己相反的第二种观点,就像没有亲眼见过鸭嘴兽的人,是绝对不相信下蛋的"鸭子"居然用"奶水"喂养幼崽一样。

阅读恰恰可以填补一部分经验的空缺。广泛地阅读,接触不同领域的知识和观点,有助于拓宽思维,帮助我们更好地进行独立思考，理解世界的多样性。现在我逐渐养成了阅读的好习惯，虽然依旧浅薄，但我慢慢知道了这个世界上并没有绝对的善恶，也没有绝对的对错，世界也不是非黑即白，对于周遭出现的任何声音，我学着倾听而非否定。

阅读让我们学会了独立思考。我们生活的环境中永远充满了嘈杂，一个问题甚至会有数十种建议，缺乏独立思考的人往往无所适从，要么狭隘对立，要么盲从多数，但对于见多识广之人，越是纷繁的环境中越能冷静地思考。智者永远尊重观点的多样性，从不盲从，也不对立，总是以包容的态度审慎地对待一切，而包容一旦出现，独立便产生了。阅读也让我们学会独立思考自身的对错，引导我们认识到自己的不足，学会谦卑。

脱离环境的思考毫无意义

学会独立思考好像也不是什么新鲜的话题，甚至可以说是老生常谈，旧话重提是因为我也想强调下独立思考与融入环境的关系。

之前有一个关于华为的故事广为人知。一位名校实习生在华为短暂实习后，给任正非写了一封万字长言，列举了华为内部诸多问题，并且逐条给出了解决办法。这无疑是一个善于思考的年轻人，但任正非回复说，要么看病，要么解雇。

很多人对此不解，其实原因并不复杂，实习生并未切实融入华为体系当中，对于如此庞大的组织，几个月的观察并不足以了解其实际情况，提意见当然容易，但实习生可能由于没有深入公司整体的大环境，无法从全局看问题，而**脱离环境的思考相当于没有调查的发言**，并无任何意义，也并非独立，只是偏见。

独立思考本身并不困难，真正体现智慧的，是融入环境，并独立思考。

把自己活成
一道光

《令人心动的offer2》热播的时候，我的FP（综艺节目的跟随导演）给我发来了一张截图，当时正值拜登和特朗普竞选总统，微博热搜前三除了拜登和特朗普两个名字之外，还有我，我夹在他俩中间，不关心国际局势的人可能还以为丁辉也参加了当年的美国总统大选呢。我掩饰住内心的嘚瑟，装作很平静的样子，回了个哭笑不得的表情，她很快回消息"现在大家都说你是二本之光，你可别飘了"，我说"放心吧，我不是那种人"。

虽然我确实不是那种特别容易飘的人，但非要说一点没飘也不可能，加上后来还去了演播室，见到了何炅，见到了撒贝宁，见到了很多曾经只能在电视上看到的偶像，好比穷光蛋中了彩票，一夜暴富，踩在了云端。"追光的人，最终也变成了光"，这是网友对我的评价，但谬赞背后，也隐藏着诱惑和陷阱。

毁掉一个人最好的方式是捧杀

对于当时的我而言，成为"光"的过程就是出名的过程。名和利往往是相随相伴，钱挣够了人就会图名，有名就会图利，用名换利，比所有传统的方式效率都更高。节目结束的小半年内，我每天的生活就是顶着这层"光"辗转于各种广告拍摄现场，接受各种采访，参加各种商业演出。我发现身边的人都开始变得无比善良，连十几年没有见的小学同学都辗转着加上我的微信，强烈要求请我吃一顿饭。大家对我的称呼也都变了，以前喊小丁，现在尊敬地称呼我为丁老师，每到一个城市，客户都会让开着商务车的司机早早在机场等候。

从寂寂无闻到受人追捧，"光"背后的名利带来的虚荣让我有些迷离，我不知道多少人可以理性地抵制住这些诱惑，至少我当时在一段时间内是有些享受，甚至有些茫然的。当时也有不少律所和咨询公司向我抛出了橄榄枝，但我都拒绝了，因为有公司开出百万年薪让我去做一个吉祥物，我不知道正常人在那种情况下会如何做抉择，但是习惯了赚快钱的人是很难再沉下心来踏踏实实做一份普通工作的，这就是出名带给我们的最大的陷阱。

当习惯了只要露个脸、只要发一条博文就能挣到普通人半年甚至一年的收入时，坐在办公室老老实实上班就成了某种没有意义的事情，因为明显有其他更快获取金钱的方式。这在日常生活中也很常见，习惯了大鱼大肉的人很难再过回艰苦朴素的生活，参加《变形记》对城市孩子来说只是一种体验，而对于农村孩子来说却是一次巨大的考验，道理不言自明，因为由俭入奢易，由奢入俭难。

在某社交媒体上看到一句话：毁掉一个人最好的方式是捧杀。我想这并非妄言，先让他历经繁华，再让他坠入尘埃，拔高期望易如反掌，但习惯了众星捧月后是否能回归平凡？我们应该警惕这些圈套。其实我很佩服那些出了名后还能脚踏实地的人。当然出名也分两种，一种是因为专业而出名，另一种是因为偶然而出名，前者继续坚持在自己专业的道路上，不忘初心并不难，因为专业是维持名气的前提，而对后者而言，出名后的繁华和脚踏实地则是一次艰难的选择。

我很庆幸自己在某个寂静的深夜突然想清楚了这个道理，让自己迷途知返，被网友谬赞为"光"我相信绝非存心捧杀，但我自己应该警惕神坛上的稀薄空气。虽然某种程度上来说我现在还是在靠着"名气"吃饭，但将来有一天灯"光"关闭，观众离场，我会心甘情愿地回归到默默无闻，成为一个平凡普通的人，因为我原本就是一个平凡普通的人，对此我早就做好了准备。

光是一种力量，而非地位

对于"二本之光"这个称呼，以前我还挺乐在其中，但随着阅历的丰富，我越来越诚惶诚恐。本是后山人，偶做堂前客——我原本只是芸芸二本学生中的普通一名，只是因为某次机缘巧合而站到了台前，却自私地独占了这个溢美之词。我觉得自己实在代表不了二本学生，论成就，站得比我高走得比我远的二本学生大有人在；论努力程度，我不敢说自己比所有的二本学生付出得更多；论起点，大山深处那些吃着百家饭长大的孩子比我更值得讴歌。

我只是有幸参加了一档节目，身上普通的光环有幸被放大，有幸被人看到而已。所以我经常笑着跟朋友说，以后别叫我丁辉，叫我丁军。本质上我觉得自己的实力扛不起这面大旗，名气和实力不相匹配让我时常感到惭愧，有时候我不知道下一步该往哪儿走，该实现怎样的成就才能配得上这个名号。

前段时间参加本科母校的毕业典礼，在介绍自己的称谓上我纠结了好久，是叫律师还是叫讲师？是叫法律工作者还是叫社会活动家？和别人动辄企业家或者教授的社会身份相比，我的成就似乎不值一提。席间和老师们聊到优秀校友，不乏比我更励志、建树更大的前辈，我笑着说他们才配称得上"光"，老师严肃地纠正我："光的力量并不在于我们自己能取得多大成就，更不在于身份，而在于不屈不挠的精神，可以激励人们在困境中坚持走下去。"我想我之前还是犯了一些世俗的错误，光是一种力量，而不是一种地位。

　　我不知道多少人和我曾经的想法一样。很多人总觉得自己要先取得足够的成功才有资格成为别人的光，并时常因为自己的平凡而自我怀疑，但我也是普通人，我至今依然一事无成，但这并不影响别人看到我身上那些闪光之处。其实每一个人身上都有光。小时候我经常在夏季观察夜色中飞舞的萤火虫，每一只都发出莹莹之光，但在白天的时候却看不到。我想我们每个人都是萤火虫，虽无法立于天地之间，甚至不能度过四季韶华，微小、短暂，但我们都有自己的那道光，只是在白日里被阳光掩盖了。

　　那光，或许是坚持，或许是善良，或许是坚韧不拔的个性。成长的过程，对我们而言就是一次寻找和确认自己光芒的旅程。遗憾的是，不是每个人都能看到自己的光，有些人因为困境或挫折，光芒被阴影遮蔽，有些人被自卑或恐惧蒙住了双眼，只能在黑暗中苦苦摸索。但无论如何我们都要知道，每一只萤火虫，不管身在何处，本身就是有光的，它可能不总是明亮闪耀，但它始终存在。

你想成为别人的"光"吗

吃饭的时候我问朋友,你想成为别人的光吗?朋友苦笑道:我不像你有那么多粉丝,我的影响力有限,成不了光。诚然,很多人都会觉得自己的影响力有限而害怕成为别人的光,似乎只有拥有足够多的粉丝、做出伟大的行为才能照亮他人的生活。然而,阳光普照是光,穿透乌云照在嫩芽上的那一缕微光也是光,即使是最微小的善行和最简单的鼓励,也能成为别人的光。

日常生活中的一个微笑、一个关切的询问、一句及时的鼓励,甚至是一个小小的帮助,虽然看似微不足道,却能在别人的心中点燃希望的火花,帮助他们渡过难关。想起上大学第一天在车站接我的学姐,全程带着我坐车认路,领床单被褥,带我找教室和寝室。第一次离家,第一次到一个陌生的环境,不安和迷惘因为一个陌生人的照顾一扫而空,整个城市也变得温暖了起来。我不知道学姐的名字,我甚至已经忘记了她的样子,但我可以确定她也仅仅是学校中的普通一员。后来的每年开学季,我都会主动去当志愿者。成为别人的光,并不一定需要做出惊天动地的事情,它更多的是平凡生活中的善意与关怀，激励与鼓舞。每个人都有这样的能力，无论他们的社会地位、职业或财富如何。

想到这里，我也就释然了。既然命运选择了我，那我也许应该安然接受命运的馈赠。虽然我很渺小，但是一滴水也能反射太阳的光芒，我很幸运可以在有限的范围内成为别人的那道光。

某天我打开社交媒体，看到这样一条私信："丁辉老师您好！我是一名决定报考法学，即将参加2025年研究生考试的学生，我是一名专升本的学生，经历了专科和现在的本科。从第一次在综艺节目上认识您，我就把您当作我的榜样，包括您现在取得的成就，我发自内心对您仰慕。我知道有很多同学把您当作他们的榜样，当作他们的动力源泉。谢谢您给我带来无穷的力量。打扰啦！"我收到过很多条类似的私信，一个读高中的朋友甚至说他们老师在课堂上以我为例并要求他们写一篇主题作文，我从没想过一个小人物的奋斗故事可以给那么多陌生人带来前进的动力，但，这也许就是光的意义。

不仅仅是我，每个人都可以成为别人的光。光不一定是王侯将相，不一定是豪侠骚客，他可以是蜡炬成灰泪始干的教师，也可以是身披铁甲不惧险的人民子弟兵，可以是十年磨一剑的工匠，也可以是汗滴禾下土的农民，任何人，即使活得普通而平凡，也能成为照耀别人的一束光。

光，是可以传承的

重要的是，光的力量是可以传承的。每一个看到光的人，也都会让别人看到光。

表弟在老家县城开了一家洗车店，每次回家我都会先去他的店里看看姑妈。我发现表弟有个习惯，每天晚上洗车店关门后，他都会通宵开着卷帘门下的那盏灯。我很好奇，因为和他一排的门店，无论是水果店还是烟酒店，12点之后一定是黑灯瞎火的。表弟说："这附近有个乞丐，每天晚上都会来这一带睡觉，给他留个灯吧，电费也没几个钱。"我突然想起他家东边路口第一家的修车师傅，每天晚上都会打开那个坐西朝东平房下的小灯泡。小时候我无数次和奶奶摸着夜色来找姑妈，在那条长长的窄窄的充满了黑暗的小路上，只要看到前方微弱的灯光我就知道快到了，恐惧也会在那一瞬间消失得无影无踪，那束微光，给无数赶夜路的人带来了安全感。

从那个 T 字路口左拐再走两步路，就是姑妈家，我在长大后也走了很多次这条路，但那束光再也消失不见了——那个叔叔很多年前死于肝癌，他的遗孀带着女儿嫁到了另一个村里，现在那里只剩下断壁残垣。如今每家每户都有车，路两旁也都有了路灯，有没有那盏灯对很多人来说已经无关紧要，但那道光，还是永远地留在了我的记忆里。表弟说，那道光，也留在了他的记忆里。

请相信自己的力量，无论你是谁，因为你永远不会知道谁会因为相信你而相信自己。**请把自己活成一道光，因为你永远不会知道谁会借着你的光，走出黑暗。**

从想法到行动，
别停在第一步

别让平庸成为
你不努力的借口

到底什么是平庸？很难从汉字释义层面下一个定义，因为不同的人一定有不同的看法，但无论将其内容界定为何——平凡、普通，抑或资质平平，有一点是确定的，平庸是一种客观事实，是一种状态，它无法被选择，只能被接受。平庸，本身并不可耻。

我经常去学校做分享活动，每次分享活动中我都会问大家一个问题：平庸是否值得被谴责？有人义愤填膺，认为平庸就是碌碌无为，平庸地度过一生而对社会毫无贡献，当然应该被谴责；有人说平庸就是平凡而普通，毕竟卓越之人寥寥无几，平淡过一生似乎也无可厚非；有人说平庸和平凡不同，应当界定清楚两者界限；也有人会反问我的看法并和我进行一番简短的理论。这个问题本身并无对错，基于我自身的经历和背景，我一直以来的看法是：接受平庸，但不甘于平庸。

接受平庸不可耻

从小到大，我不是特别聪明的人，我没有做过智商测试，但自己绝不是天赋异禀的人，尤其是在数学上，可以说是略显迟钝，小学唯一一次被选中参加奥赛，也仅仅是"矬子里拔将军"，最终铩羽而归。初中以后我没有一次在考试总分上名列前茅，说实话我很感谢当代高考制度，尽可能让更多的人有机会接受大学教育，如果是参加科举，按照父亲的话说，可能我连考个秀才都难。对于某些应试能力方面的缺陷，我也曾苦恼，但父亲从不会因为我 29 分的数学试卷而责备我，在文理分科时他还鼓励我读文，尽管他也听说过理科专业出来似乎更容易找工作。

很多年前我就接受了自己在某些方面的平庸，父亲说：

上帝为你关上一扇门，一定会为你打开一扇窗。关上的门你进不去，因为那是命运的安排，但打开的窗你要走出来，因为那是你个人的选择。对于无法改变的事实，坦然地接受或许是最符合直觉的安排：接受自己在学业上可能不是最出色的事实，但这并不影响学习提升和个人成长；接受自己在外貌上可能不符合大众审美标准，但并不影响内在价值和品质的提升；接受自己身体素质在某些方面的局限性，但我们仍然可以追求健康的生活方式。

接受自己的平庸并不意味着失败，更不意味着认输，而是一个自我认知和自我成长的过程。 大家都承认，人并非完美，每个人都有自己无法弥补的不足，基因决定的天赋也好，娘胎里带出来的身体缺陷也好，总是既成事实，相比没有结果的挣扎，真正的力量在于接纳并转变自己的反应。

接受父母的平庸，才能体会父母的无能为力

除了接受自己的平庸，我们也应当学会接受父母的平庸。

前两天坐地铁的时候，无意中听到一个小女孩娇嗔地责怪爸爸：你为什么不买车，大冷天的让我来坐地铁，挤死了！我抬头看了看这位沉默的中年男人，朴素的大衣，老旧的公文包，有些花白的头发下是张沧桑的脸，他一只手紧紧地搂住了女儿，另一只手无奈地挠了挠头。我们好像曾经也是这个小女孩，小时候我们总是不理解，为什么别人的爸爸那么有钱？为什么别人家住的是楼房？为什么别人穿得光鲜亮丽，而我什么都没有。成年后，我们依然会埋怨父母为什么不送自己去国外读书，为什么不能给自己安排体面的工作。我们责怪父母的"不争气"，配不上自己的鸿鹄之志，我们数落父母的种种缺点，懦弱、眼界小、没有文化，甚至不够努力。

在我刚毕业的时候，曾跟父亲有过几次激烈的争吵，我总是愤怒地质问他：为什么别人一毕业家里就给买房买车，而你什么也给不了我？我已经忘记了父亲的解释，但他湿润的眼眶和颤抖的嘴角至今依然提醒着我背后的辛酸和无奈。他又何尝不想给我优渥的家境？父亲也曾年轻过，也曾热烈过，也曾追求过梦想，但在时代的浪潮中，很多人的命运都是身不由己的。

不少朋友说，自己只有在工作后才会发现，很多事情并非努力就有结果，所有的念念不忘也并非都有回响，才渐渐知道了父母的不易。是啊，只有经历过无能为力，才能体会到无能为力。父母给我们的也许不是世界的全部，但一定是他们拥有的全部，当我们心安理得地接受父母全部的恩赐时，我们是否也应理所当然地接受父母所有的瑕疵，包括父母的平庸。

遗憾的是，很多人明明自己一事无成，却接受不了父母的碌碌无为。有人说，总是抱怨父母无能的人，本质上是对自己无能的愤怒。我们习惯将自己的失落、挫折、失败归结到外部因素，血缘和宽容很容易让我们将矛头指向自己的父母，甚至会把父母的平凡当作自己失败的唯一借口，但又有多少人能认识到，父母的恩赐从来不是雪中送炭，而是锦上添花，真正能够点亮自己人生篝火的，只有我们自己。

从另一个角度来说，父母的平庸，其实和自己的平庸一样，都是先于我们的经验而存在的，无论我们如何愤怒，它就在那里，无法改变，人人都善于接受自己的平庸，那人人也应当学会平等地接受父母的平庸。

我们平庸但不平凡

甘于平庸和平庸本身不同。如果说平庸是一种既定事实，它无法被改变，只能被接受，那甘于平庸则是一种生活态度，我们完全有自由选择的能力，在乾坤未定之前选择安乐而放弃向上，至少在我个人看来，是值得被谴责的。

平庸曾成为我最好的借口。

我最甘于平庸的四年是大学四年。那年头伤感文学流行，无意中看到的一句话竟成了我四年的座右铭——宿舍是青春的坟墓。与其说是座右铭，不如说是墓志铭，我为自己的颓废找了一个合理的理由，心安理得地在我的"坟墓"中躺了四年。当别人在图书馆挥汗如雨的时候，我在寝室睡觉；当别人考出一张又一张证书，习得一个又一个技能时，我在寝室睡觉；当别人为了未来辛勤耕耘打下坚实基础的时候，我还在寝室睡觉。效果显而易见，甘于平庸一定会导致平庸，毕业后很多同学考上了公务员，进了事业单位，或者读研或者出国，而我只能接受自己的简历石沉大海、杳无音信的现实。

总有更好的终点

我的经历并非个例，很多大学生都会有一种错误的观念，即考上大学万事大吉，高中时拼尽全力，大学时反而松散烂漫。人生是一个不断学习和积累的过程，真正的考验恰恰开始于大学，开始于自律向放纵臣服，开始于内驱向外力妥协。我曾经幼稚地认为，只要进入同一所大学，我们好像就是一样的，毕竟以后拿的都是同一张学位证，都是同一个校长的签章，接受的是同一套教育模式，在社会认可度和竞争力上似乎并没有本质区别，我显然忽略了努力在个人塑造上的巨大力量。

毕业后我才发现，进入同一所大学只能代表我们的起点是一样的，对于终点，有人很快到达，有人到达后很快转入下一个跑道，而有些人不得不面临着中途退赛。说来惭愧，我大学唯一挂科的科目居然是体育，原因是晨跑时起不来。对于我这样一个自诩"篮球和跑步爱好者"来说，这个理由和早餐店老板因为凌晨四点起不了床而倒闭一样讽刺。相比于那些连毕业证都没拿到的同学而言，我是非常幸运的，至少我顺利地给自己四年的大学生涯画上了句号，虽然这个句号并非完美。当我在外企面试时居然说不出一句完整的英语，当我需要找到销售工作的谈判筹码时，我才发现大学四年真的会决定以后的人生到底是一本书还是一页纸。

同样大学的个体，相同又不相同，相同的是时间的长度，不同的是人生的厚度。所以每次演讲，我都会不厌其烦地告诉那些甘于平庸的年轻人，人生态度决定以后的人生状态，今天的生活绝不是取决于今天的努力，而是昨天；明天的生活也并非脱胎于未来，而是今天。如果我们对现状并不满意，最应该责备的，应该是曾经的自己。这个朴素的道理不仅仅适用于大学，同样适用于高中、初中，以及我们人生的每个阶段。其实仔细想想，人生中没有几个四年，除去处于咿呀学语和懵懂无知的前十年，坐着轮椅看夕阳的最后十年，留给我们挥霍的时间真的不多。我们应该时刻警惕，不妨以四年一个跨度作为拒绝甘于平庸的标尺，也许我们会发现生命的另一幅长卷。

平庸的我，还要努力吗

无论是在演讲中，还是在社交媒体的私信中，很多人都会问我：到底是该躺平还是该奋斗？这个问题和"我到底是甘于平庸还是拒绝平庸"没有什么本质区别，如果代入过多我个人的经历色彩，答案是显而易见的。但考虑到每个人的追求并非相同，更中庸的做法也许是，我们应该尊重每个人的命运。所以我常说，如果你非要听我的建议，那我一定会鼓励你奋斗，但如果你坚持躺平，我也不会质疑你的选择，无论是哪种生活状态，我只希望等到最后的那一刻，我们不要后悔。

成熟理性的人应当对自己深思熟虑后的每一个选择负责，如果选择了躺平，那就安稳平淡，无欲无求，最终也能赢得尊重；如果选择了奋斗，那就拼搏到底，坚持不懈。怕就怕，苟且偷生却感叹壮志未酬，自命清高却又同流合污，多了入世的欲望，又少了出世的豁达，就像《山月记》中的李征，"我深怕自己本非美玉，故而不敢加以刻苦琢磨，却又半信自己是块美玉，故又不肯庸庸碌碌，与瓦砾为伍"，最终异化为虎，疯癫于山林。

执行力，越过"知道"与"做到"的鸿沟

最终选择诗和远方的人可能就是要拒绝甘于平庸，但真正坚持到最后的人很少。我们总是漂泊在各种真理的海洋中，却迟迟无法到达幸福的彼岸，缘何？道理似乎不言自明，王阳明告诫世人要知行合一，罗翔老师也警醒我们"人最大的痛苦，就是无法跨越'知道'和'做到'的鸿沟"。知和行的割裂，是阻碍我们走向卓越的天堑。但我想冒昧地把这句稍带悲观主义色彩的表述做个微调，也许更能给我们力量：知道和做到，或许存在鸿沟，但马不停蹄地追赶，总会让它们近一点，再近一点。

在我看来，跨越这条鸿沟的桥梁就是执行力——设定目标，克服懒惰，并付诸实践。学历不好就不断读书，身材不好就坚持锻炼，能力不行就持续学习，**每一次行动，都是一场精神的航行，指引着我们远离平庸**。从常熟理工到华政，从二本到硕士，从销售到律师再到讲师，我从寂寂无闻到为人所知，这一切从来不是因为我知道，而是因为我踏踏实实付出了行动。我不敢标榜自己每件事都知行合一，但至少在跨越人生高度这件事上，我做到了。很多人都只记住了《山

月记》中的"美玉论",但其实后面还有一句话——李征说:"世人皆为驯兽师,猛兽即各人性情,于在下而言,猛兽即是卑怯与怠惰之情。"也许,世人皆为李征,但我还是希望看到这段文字的你不是李征。

接受平庸,但请不要,甘于平庸。

人生不设限，
给自己一份满意的答卷

　　2016年的大年初八，一大早我就守在电脑前，等待着这个决定我人生走向的重大时刻——研究生考试公布初试成绩。因为查分数的人太多，我尝试了好多次都没有登录进去。我不停地按着刷新键，直到屏幕上弹出成绩单，391分！那一刻，所有的期待和不安都尘埃落定，我像范进中举一般，噌地从椅子上弹起，虽然还没有复试，但我还是迫不及待地把这个消息分享给了所有的亲戚。我到村头的小卖部买了一串长长的鞭炮，在家门口的小道上，从这头铺到那头，噼里啪啦的鞭炮声惹得邻居家的大黑狗一阵骚动，一群觅食的鸡也被吓得咯咯叫着到处乱窜。隔壁大叔骑着电瓶车经过门口，烟雾缭绕中停下来大声问:"老丁头,今天有啥喜事啊,放这么长的鞭炮!"我抢先答道:"考研成绩不错,我提前开心一下!""哟,这是考上哩!""没呢,还有个复试呢,叔你可别给我传出去啊,还不一定呢!""好嘞。"大叔拧起油门,鞋底蹭着地面,往东去了。很快,村里人都说我考上研究生了。

这是迄今为止我人生最开心的一次,没有之一。通常来说,对普通人而言,人生中有两次改变命运的机会:第一次是高考,我没有很好地把握住;第二次是考研,我成功地抓住了。

一开始我并没有想考研。当年一些律政剧特别火,一部是《何以笙箫默》,让很多女孩子觉得学法律的男生就应该长成男主角何以琛那样,男孩子也觉得学了法律就可以变成何以琛,我也不例外;另一部是《离婚律师》,让我错以为律师的生活高端又悠闲。在影视剧潜移默化的影响下,一颗想成为律师的种子就在心中播下了。说实话,那时候也没有什么法治梦想,也没有考虑过公平正义,纯粹凭着朴素的直觉一往直前。

在 2015 年劳动节的那个中午，我义无反顾地踏上了律师的寻梦之旅。和医生一样，做律师必须有法律职业资格，所以一开始我的目标仅仅是通过法律职业资格考试，成为"何以琛"而已。其实做销售时我就已经考虑了很久要不要做出改变，但一直犹豫不决，直到那通分手电话的打来。那天下午的场景是这样的，挂掉电话我号啕大哭，一度张大嘴巴发不出声音，泪眼蒙眬中，我打开电脑，在搜索栏输入"司法考试需要如何准备？"我还记得泪水滴在键盘上的声音，滴滴答答，我用衣袖拂去蒙在眼睛上的泪帘，不愿让它们挡住我前进的视线。当天下午我就买了所有的考试用书，我甚至不想浪费物流的这几天，就迫不及待地在网上找到相关电子资料开始学习，为自己的人生争分夺秒。

决定去做，就现在

我这个人没有太多的优点，但执行力强绝对算一个，无论是这件事，还是以后转型做讲师，一旦决定，说干就干，并且不达目的不罢休。当然考虑这件事情我确实花费了一些时间，但是决定去做，我只用了一秒钟。

其实在人生的很多重大决定上，我们确实要深思熟虑，但相比于大胆假设，更重要的是小心求证。很多人问我到底要不要考研，大家踌躇不前的原因大部分在于对失败的恐惧和对沉没成本的权衡，比如我要是考不上，那我这一年岂不白白浪费了？抑或我辞职考研，考不上工作也丢了怎么办？总想穷尽所有的可能性，并规避一切风险，但想得太多往往导致瞻前顾后，时间因此白白地浪费在各种假设中。人总是喜欢在虚无缥缈的事情上过分追求完美，而对真实发生的情况却无限放宽标准。

我们不是先知，世界上同样也不存在完美的计划。我个人的做法是：做最坏的打算，尽最大的努力。《中庸》有言："执其两端，用其中于民。"做任何一件事，我们只需要考虑两点：失败的风险和成功的收益。收益决定我们值不值得做，风险则决定我们要不要做。若一件事情值得尝试，最坏的风险也能承担，那就行动，反之则弃。就像我考研，若能成功上岸，我的人生将会大有不同，这件事值得我为之一试；最坏的风险是上岸失败并丢掉工作，但基于一年的销售经验，我没有理由找不到另一份同样的工作，损失的部分工资也不至于让我风餐露宿，所以我义无反顾地投身考研。

尽量不要在做决定本身上花费太多的时间，事情是做出来的，而非想出来的。不过说来也巧，我当时看的就是厚大的法考课程，没想到几年后我也站到了厚大台前，这大概就是命运的奇妙之处，你永远想不到你曾经仅有一面之缘的人，以后会和你的人生有怎样的交织。

敢于面对不确定性

向上攀登的过程是痛苦的。和"背水一战"不同，我没有直接辞职而是选择了相对比较稳妥的做法——边工作边复习。辞职考试的风险我也能承担，但成年人应该学会同时开展多项工作，合理安排时间。大部分声称工作和学习只能选择其一的人，多半是贪图享受确定性，比如原本可以用来学习的工作之外的 6 小时，会因为辞去工作而变成可以随时支配的娱乐时间，而一旦两者齐头并进，8 小时工作，6 小时学习，娱乐时间也就所剩无几了，这是很多人不愿意面对的现实。

人最害怕的就是未来的不确定性，不仅仅是灾难的不确定性，也包括快乐和幸福的不确定性。我不想依靠家中接济为生，所以在做好本职工作的同时，我只能压榨自己生命中的每分每秒。那时候我负责浙江、安徽的市场拓展工作，每天需要穿行于各个城市之间，行李箱中除了几件换洗的衣服和必要的洗漱用品，就是沉重的备考资料，那段时间我拖坏了两个行李箱。我利用一切可以利用的时间学习，坐高铁，我就趴在小桌板上看视频；坐火车，我就躺在卧铺上看书；坐公交车，我就戴着耳机听课……我每天给自己规划至少6小时的学习时间，无论以何种方式实现，风雨无阻。作为一个非法本零基础的门外汉，想要利用业余时间在4个月（当年司法考试是每年的9月份）的时间通过法考，难度可想而知，我比任何人都清楚地知道这一点，但我一直坚信，只要走在路上，距离目的地就一定越来越近，今天到不了，还有明天，明天到不了，还有后天，只要在路上，我们总会到达那里。

这种状态维持到了8月份，我被调到江西工作一段时间。在南昌西湖区丁公路旁边的酒店里，我给自己找了一个临时据点，暂时结束了四处漂泊的生活。本以为可以有稳定的学习时间，但领导的长期视察让这种状态并没有维持很久，好在店长跟我关系不错，我把资料从房间搬到酒店前台后面的办公室，每天陪领导结束应酬后，就回到那盏昏黄的台灯下一直学习到凌晨。

我并不想让领导知道我正在做的事情,他人不错,待我也像朋友一样,若让他知道自己的手下正在另谋出路,职业的忠诚和朋友的情谊也许会让他陷入两难之地,所以我极力地平衡着这一切。那段时间我感觉这世界上好像有两个我,一个白天听命于生活,一个夜晚俯身于心灵,一个躯壳喂日常,一个灵魂补岁月——我有点分裂,有点煎熬,我觉得我背叛了信任自己的人,但我又想逃离。

一次失败后,该更努力前行

我最终还是选择了逃离。大家都喜欢逆风翻盘的剧本,但不是每一个励志故事都能取得胜利,尽管我逼了自己一把,想看看自己的潜力有多大,但那年的司法考试我还是没有通过。对此我早有准备,失败,对弱者是一次打击,对强者却是一次激励,所以这并没有阻止我继续前进的步伐。

我冷静地分析了当前状况,并规划出两种方案:第一是继续工作,明年再战司法考试,代价是继续忍受煎熬;第二是辞职，一鼓作气转战考研，代价是三个月没有工作。最后，我再一次选择了和命运抗争到底。转战考研还有几个务实的考虑，一方面在于法律工作也需要氛围和圈子，研究生生活可以让我更好地积累和沉淀；另一方面在于，考研科目在很大程度上和法考重合，前期的学习让我有了一定的基础，通过考研并非水中望月。需要澄清的是，从严格意义上来说，媒体宣传的三个月上岸华东政法其实并非准确，这很容易让人误以为零基础三个月都能考上"五院四系"，用来吹嘘自己确实是极佳的素材，但也会让不明真相的后来者轻视了考研需要付出的努力，精确来说，也许表述为"法考到考研——三个月上岸"更为合适。前期的艰苦岁月给了我应对未来充足的底气，在十月份，我坚定地递交了辞职报告。

与短暂的成功相比，坚韧更加持久

2015年那个寒冷的冬天，二姑妈一家给了我莫大的支持。彼时姑妈一家都在常熟打工，姑父是装修工人，表弟跟着他打下手，表妹在服装厂做裁缝，姑妈在饭店当服务员，一家人普普通通，却都在努力地生活着。他们在虞山脚下的城中村租了两间房，村北边有一间小屋子，姑妈腾出地方，姑父用预制板为我打了一张简陋的条桌，那个小小的房间，就成了我奋斗的舞台。他们每天中午都不回家，所以姑妈每天清晨就得起床，在上班前把中午的菜提前做好，用盘子反扣着，放在蒸米饭的电饭煲中，鸡腿、百叶结、豆芽菜，没有什么美味佳肴，但每顿饭都比山珍海味更香。那个小屋子很昏暗，唯一的窗户抵着隔壁的围墙，阳光很难照进来，我索性拉上窗帘，那盏我随身携带了一整个夏天的台灯又陪我度过了一整个冬天。

我每天复习16个小时左右，没有娱乐，没有朋友，除了一日三餐就是书山学海，很多时候我忘记了时间，以为落日余晖，但拉开窗帘已经漆黑一片。我记得那个冬天很冷很冷，房间里没有空调，姑妈找了一条棉花毯子，我盖在腿上依然挡不住沁入骨髓的寒意，我冷到跺脚，但和整个人生的阴暗相比，一个冬天的寒冷又何足挂齿。长时间的伏案和僵坐让我患上了腰肌劳损和颈椎病，冬天来临时膝盖的隐隐作痛也时常提醒我那段拼搏的岁月，我就这样走过了三个月。

现在回看那段时光，我佩服那时候的自己，我不知道当时是怎么坚持下来的，但我真的真的很感谢那个半夜两点坐在卫生间马桶盖上洗着脚，还不忘背着英语作文的自己。人生中至少要有一次为了自己奋不顾身拼尽全力，那些甚至连尝试都没有就早早地向命运低头的人，是可悲的，也不负责，只有努力到无以复加，才有资格说放弃。我们总是高估世事的艰难，但很多事情，你当时看可能确实很难，但是一直往前走，也就走过去了。

我感谢我的姑妈。其实我有三个姑妈，都对我不错，但是受二姑妈的恩情最深，她为了照顾年幼的我嫁得最晚，为了可以常回家看看，也未敢远嫁，我们两家只有骑电瓶车三分钟的车程。和很多人一样，我从未对她说过感谢，但她是我生命中除了奶奶之外最重要的女人，在我心中她就是我妈。我也感谢我的姑父，为他的肚量，尽管自己的生活还不尽如人意，一双儿女也尚未成家，却允许妻子尽可能帮衬娘家老小，这在农村并不多见。如果没有他们的扶持，我可能依然停留在人生的浅水中。

过程很艰难，我曾一度想要放弃。报名现场确认时，因为往届生的身份，我被临时告知需要额外提供某份纸质材料，否则无法参加考试。当时我的第一反应居然是松了一口气，我给自己找了一个合适的借口，看，这不是我的原因，不是我自己放弃的，是造化弄人！今天晚上就可以结束这漫长的折磨了！坚持从来不是什么易事，坚持意味着长久的牺牲，而非一次的狂风暴雨，很多人能接受短暂而剧烈的疼痛，却忍受不了绵长而持续的煎熬，我也是俗人。但当我走出确认现场，看到外面那些追梦的年轻面孔，想想自己已经走过的路，想想自己以后想要的人生，我还是折返了回去，央求工作人员给我一次机会，最终我提供了其他证明材料，获得了那张改写命运的入场券。

一个月后，我站到了考场门口。我记得那天正好是圣诞节，酒店旁边有很多大学，小情侣们牵着手戴着圣诞帽走过熙熙攘攘的街道，卖水果的大妈放声吆喝，煎饼馃子冒着热气，在大叔熟练的操作下挨个翻面，我还遇到了本科的学弟，他报考了复旦大学的法律硕士（学弟第一年没考上，第二年成功上岸），我们祝福了彼此。晚上，我很早就吃完了饭，看了会儿书早早躺下，我以为自己可以从容地面对接下来的一切，但是所有的压抑在考前的那个晚上倾泻而出。

我经常告知学生们在考前最重要的是调整好心态，但想想自己在那个当下其实也没有做得很好。那天晚上，直到凌晨四点我还在微博上和陌生的网友相互鼓励，我甚至做了一百个俯卧撑好依靠身体的疲惫让自己尽快睡去，最终我在凌晨六点半，迷迷糊糊地眯了一会儿。七点多醒来时我是绝望的，这种状态下我觉得自己绝无可能成功，怯弱诱惑我再一次想到了弃考。没有太多的心理活动，我只是对镜子里的自己说，真正的勇士应该死在战场，而不是临阵脱逃，自己选的路，跪着也要走完！我朝自己啐了一口唾沫，用冷水洗了把脸，从不喝咖啡的我第一次买了一杯速溶拿铁，我拿着咖啡走进了考场。那个上午，我再一次战胜了自己的软弱。

我最终给自己的人生交出了一张满意的答卷。之前有媒体采访问我：你人生中做得最成功的一件事是什么？很多人觉得我可能会说考研，或者说参加节目。但我说：最成功的事，是那个上午，我走进了考场。和一次短暂的成功相比，坚韧的品质也许更持久，它会让我们在人生中的每次重大抉择中，都立于不败之地，就像苏轼所说，"古之立大事者，不惟有超世之才，亦必有坚忍不拔之志"。

如果说有一个人能阻止你成为优秀的人，那个人就是你自己。 同样，你也是唯一能改变自己的人。

找到督促你前进的人

2015年5月1日，恰逢劳动节，我没有回家，一个人留在了杭州东站附近的一个出租屋。大约中午12点的时候，我接到了她的电话，她说我们结束吧，坚定中透着不舍。虽然早有心理准备，但当这一刻真正来临的时候，我还是哭得稀里哗啦。

在节目中，面试官曾经问我为什么要考研，其中之一的答案，我说的是因为前女友。有网友批评我总是在公共场合把前女友拉出来说事儿，但事实并非如此。为什么总是会提到她，因为她在我的人生中扮演了非常重要的角色，甚至可以说已经是我生命中的一个符号，是一座里程碑，但凡提到我的所谓励志故事，总是绕不开她。

不上进的自己，拒绝了多少次机会

由于节目中的剪辑和我之前表达的片面，很多人将其误解成一个富家女抛弃穷小子的故事，其实不然，甚至很多人会误以为我可能怨恨她，怨恨她离开了我。从情感上来说，我对她没有一丝怨恨，即使在分手的那个瞬间，我也没有恨过她，我唯一责怪的只有自己。很长一段时间，我QQ空间的签名都是"在最无能为力的年纪遇上了最想照顾一生的女孩"，很忧伤吧？我把自己撇得干干净净，把责任留给了年轻和贫穷，但后来我把这个签名改了，因为在理性审视后，我发现造成这一切的根本原因是自己的不上进。

其实她给过我无数次的机会，可大学四年是我"甘于平庸"的四年，她有清晰规划，我却浑浑噩噩，从来没有为自己和我们的未来想要做点什么。她是英语师范专业生，拼命学习通过了英语八级，在学校门口的那个咖啡馆里，我陪着她通宵学习的场景至今仍历历在目，我自己的英语四级却直到大三才勉强通过。

她曾建议我考六级，以后能去外企工作也好，我满口答应，她给我报了，还为我交了报名费，但我甚至没有出现在考场当中。她曾鼓励我考教师编制，以后当一名小学老师也是很不错的，我又满口应承，但回到寝室依然嗑着瓜子、打着游戏。她说毕业后你要不要报考公务员，这样父母也会很高兴，我借口不适合公务员四平八稳的生活，骨子里却是害怕迈出第一步的软弱和无能。我拒绝她的一切期待，我贪图享乐、害怕挑战；我拒绝一切有门槛的尝试，最终选择成为一名销售，我并非坚信什么"老板都是从销售员做起"的成功哲学，希望自己厚积薄发，只是因为销售是我唯一可以毫不费力就能够到的起点。

爱情第一课：事事有回应

爱情教给我的第一课是回应，回应对方的期待。人总是自私的，爱情里大部分人都是固执地活在自己的世界中，而忽视了对方的需求和愿望，甚至会以"爱情"的名义为所欲为。但在任何一段关系中，理解和满足彼此的期望才是维持和谐、增进感情的关键。爱情并非总是关于浪漫和激情，更多的是日常生活中的小事。也许事事有回应、件件有着落、凡事有交代，是件很难的事情，但疲惫时的支持和鼓励、快乐时的分享和喜悦，对大部分人而言并非难事，这却也是爱的表达。

学会彼此倾听，甚至理解对方的非言语沟通，表情、眼神、身体语言，当回应他们的期待时，我们不仅仅是在满足一个要求，而是在告诉他们，对我而言你很重要，我愿意为了这段关系而努力。回应最高级的状态，我想应该是设定共同目标，小到每周一次的约会之夜，大到共同的生活规划或职业目标，我们需要让对方知道，我的未来里有你。

当我拒绝她的每一个期待时，结局就已经注定了。我曾经误以为她的离开是因为我家境贫寒，后来我才发现，一个女生最终选择离开一个男人，大概率不是因为他穷，而是因为在这个男人身上看不到希望。我们都说爱情里要平等，这个平等包含物质平等和精神平等两方面，很多人都以为物质平等就是双方要有同等的财力，经济上门当户对，比纯粹的经济评价更重要的，也许是一个人的上进心——能够实现自己的经济独立，并为共同的未来而不懈努力。每个人都谈过恋爱，我相信没有一份爱情在经济上是完全平等的，但我们依然奋不顾身地选择投入一段关系，若仅因贫寒，那很多爱情本就不会开始，我们寻求的是未来的希望，就像她曾经对我的期待一样。

尊重爱你的人

永远不要低估一个人爱你的决心，如果现在的你正孑然一身，但身边依然有良人在侧，记住好好呵护这份真心和热情；也永远不要高估一个人对你的耐心，攒够了失望，剩下的也许只剩转身，请不要让他或她等太久。而我让她等了五年，我以前并不理解五年对于一个女孩的意义，现在我才意识到，五年，这是一个人的孤注一掷、放手一搏，但我从来没有尊重她的付出。尊重，是爱情教给我的第二课。

我们总是习惯于在爱情里把自己凌驾于对方之上，希冀还有下一个五年，希冀对方为自己奋不顾身，希冀对方为爱情妥协一切，包括放弃自己的事业、朋友甚至父母，这种希冀是畸形的，是极度自我的，以至于把对方当成了自己的私有物品。但爱情的基础除了爱，还有尊重。

尊重，意味着认可对方作为一个独立个体的权利和价值，当我们学会尊重，我们才知道对方也需要自己的隐私和空间；当我们学会尊重，我们才知道对方也有自己的成长和经历，也有自己的渴望、诉求和无奈；当我们学会尊重，我们才知道理解对方的每一个意见和决定；当我们学会尊重，我们才知道不是所有对你的好都是理所当然，付出是相互的，付出也需要成本和回报。尊重，让我们走出自私，也让爱情变得深厚。

我庆幸自己在以后的日子里学会了尊重。 当然，尊重不仅仅是对过程的尊重，也是对结果的尊重，无论什么原因导致最后的分开，我都能够理解，哪怕一个人真的因为贫穷而选择离开，又有什么值得谴责呢？我也曾设身处地地想过，如果我成为一个父亲，我会不会把自己的女儿交给一个一贫如洗、不求上进、只会口头承诺的人呢？公司给我们"画饼"，我们都知道要拒绝，何况眼前这个人是要携手一生的伴侣。

虽然没能走到最后，我依然感谢她曾经出现在我的生命里，陪我度过了人生中最珍贵的几年时光。穿梭于两个校区之间的 4 路公交车，我迎风而去，她乘风而来，每天 15 分钟的车程是我们那时最期待的时刻。那个晨曦和晚霞笼罩的风雨操场，留下了无数携手走过的足迹。深秋昆承湖畔的长凳上，我们也在湖风轻拂下憧憬未来。这些真切的感受，永远镌刻在记忆的深处，如同黑夜星辰，虽然已经遥不可及，但依旧闪烁着光芒。曾有人问我，最后没能在一起遗憾吗？也许当时很遗憾，但，曾经的爱情依然是美丽的，曾经的相拥也是真实发生过的，都是人生中的重要体会。

感恩爱你的人

每次有人问我大学期间要不要谈恋爱的问题，我都会鼓励大家去尝试，先不要担心结果。大学的恋爱没有过多物质掺杂，没有过多的世俗绑架，只需要跟着自己的内心和感觉走，而一旦进入社会，你会发现，内心反而成了我们永远回不去的港湾。

现在大家都说，不以结婚为目的的恋爱都是耍流氓，随之而来的是房子、票子、车子，太多世俗的附加常常让我们身不由己，而忘记了最初的感觉，但年老之后我们回忆人生，一辈子按部就班，因为结婚而结婚，因为生孩子而生孩子，不知道是否会后悔。也许我们把结果看得太重而忽略了过程，我们必须认识到，相爱的人不一定能够走进婚姻殿堂，两颗心的契合并不能保证我们的道路也能相交，爱是奋不顾身，但婚姻是适合、是责任，距离、性格、习惯、价值观都会影响我们最后的归宿。这并不妨碍我们去体验、去经历。

没有结局的爱情，我们也能感受到美好和幸福，也能学到牺牲、妥协和理解，也能让我们知道要更加珍惜每一份感情，也许这就是爱情的意义。所以我经常开玩笑地跟大家说，如果你现在的对象温柔体贴，上进努力，你应该感谢的不是缘分，而是他 / 她的前任。感恩，是爱情教给我的第三课。

自己美好，才配得上美好

曾经我有一种天真的想法，反正女朋友家里条件好，我只要躺平，以后靠着女朋友帮衬好像也不会太差。毫不含糊地说，作为一个男人，我居然把希望寄托在婚姻改变命运上！当时的我既目光短浅，又异想天开，简直就是想"吃软饭"。我已经忘记了当时这种价值观的出处，只记得我不想努力。最终我还是明白了：自己美好，才能配得上美好。

不知道有多少人和曾经的我一样，想把命运寄托在别人身上。很多人经常抱怨自己身边的朋友质量差，削尖了脑袋要向上社交，但依然四处碰壁，于是苦笑着自嘲"圈子不同，不要硬融"，但不是圈子融不进去，而是自身实力不够。多少人只顾责备社会太过现实，却忽略了这就是常态，社交的本质是价值交换，无论情绪还是利益，你都需要和别人在一个层次上。两片云，只有在同一个高度，才能成雨，我们真正要做的，是让自己站得更高。

要想获得更丰厚的薪水，应该提升自己，而非加班；想要找到更优秀的配偶，应该让自己变得更优秀，而非甜言蜜语。查理·芒格说："要得到你想要的某样东西，最可靠的办法是让你自己配得上它。"想起以前做销售的时候，曾以认识律师朋友为荣，仿佛跟人吵架都有了底气，而现在我也站到了曾经自己所仰望的行业当中，拥有了一圈做律师的朋友，我不需要很费力地去社交、去斡旋，因为我们是一样的职业。

仰望是有力量的，我们需要仰望，仰望他，成为他。

我很感谢她让我深刻地明白了努力的意义，在人生还没有一塌糊涂之前。一点都不夸张，我决定从销售转向法律行业的重要原因之一正是有鉴于此。有人说，你这是被别人牵着走。但很多时候我们本就在为别人而活。生活中有很多声音，我们不能全听，但也不能不听。倾听值得倾听的，比如父母的、子女的、挚友的，他们是我们生命中重要的共历者；摒弃应该摒弃的，比如"大家"的声音，他们和我们的人生鲜有交集，甚至不会出现，他们只想在你生命中踹一脚然后头也不回地溜走，不要给他们这个机会，他们评头论足却不负责，为生活买单的只有自己。不过，跳出曾经的职业，这并非一次赌气式的冒险，尽管爷爷从小到大一直告诉我，"人活一张脸，树活一张皮，一辈子就争一口气"，但我并不想向他证明什么，我只是想告诉我自己，凭借个人努力，我也能走出泥潭。

《中国合伙人》里有句经典台词：男人的梦想最初都是

从女人开始的。这也是我鼓励大家去感受恋爱的另一个原因，很多像我这样麻木的人，有时并不自知，尽管父母的说教和刺激犹如螺丝打在铆掉的螺母上，但真正让一个男人迅速摆脱幼稚的，很可能是爱情。用力爱过的人最后也许不会站在你的前途里，但他（她）一定是奔着你的前途去的，你要找到生命中那个真正会督促你前进的人。

分手之后的一段时间里，我们并没有断开联系，即使在后面最难熬的那段奋斗时光，她也一直鼓励着我，直到我考上研。爷爷去世时，她也驱车100多千米，赶来送爷爷最后一程，那天她还因为超速被开出一张罚单，感谢她的付出。不过最后我们还是互删了联系方式，朋友说你都已经考上研了，为什么不把她追回来？我想原因在于，经过了这么多，那个最佳的时机已经错过了。其实爱情有很多面，其中一面是放手，当两个人的路无法合并时，勇敢地选择分开，接受现实，是对彼此最后的体面和尊重。虽然痛苦，但这是成长必须付出的代价。

感谢她教会我爱情的多重含义，也感谢她让我在爱与被爱的过程中，成长为更好的自己。

令人心动的机会，
可求不可遇

对于我如何一步一步走到今天，一直有两种见解。第一种见解肯定了我的个人努力，并且把所有的结果都归结到了个人努力上。我非常认可努力对人生的推动作用，但如果把努力当成成功的唯一要素，理性告诉我这并不客观。第二种见解是我剑走偏锋，参加了一个综艺节目，从而获得了改变人生命运的机会。但这种说法无疑抹杀了努力的作用，并不全面。我自己的见解是：个人努力加机会，缺一不可。

机会，这个字眼常常让人联想到偶然和运气。但真的只是偶然吗？

令人心动的"机会"

时间回到 2020 年夏天的某个工作日午后,我正忙着处理客户公司琐碎繁杂的法律事务,微信对话框中出现一条消息,读研究生时隔壁寝室的兄弟发来一张海报,是《令人心动的 offer2》的招募海报。第一季的 8 位实习生英姿飒爽,气宇轩昂地看着镜头,在他们的宣传照下面是白色加粗的宣传标语:加入《令人心动的 offer2》!迎接你的是——一群志同道合的伙伴,多位行业翘楚恩师,一次终生难忘的实习体验,更有可能将国内顶尖律所的心动 offer 收入囊中!

起初我并没有在意,对于这档节目,之前有所耳闻,但由于对综艺敏感度并不高,所以第一季我并未看过。但是接下来的几天,陆续又有多名朋友给我发来了相同的消息,甚至群里的兄弟也开始起哄,大家的话口出奇地一致:你长得这么帅,肯定可以上节目!也许兄弟们只是开个玩笑,但人啊,很容易在一声声"靓仔"中迷失了自己。

我自己非常清楚,这是一档面向全球选拔的职场节目,暂且不论颜值、专业能力，单就学历这块我就没有太大的竞争优势。但这毕竟是一次机会，不尝试一下怎么确定命运之门一定不会向自己敞开呢？我当时并不知道这档节目以后会给我的人生带来什么样的影响，但我模糊地感知到，这也许是我近年来唯一一次可以向红圈律所证明自己能力的机会——其实在读研时我就梦想有一天进到顶级律所，遗憾的是所有的门都没有向我敞开过。

在发给节目组的一分钟自我介绍视频里，我没有回避自己的先天不足，我介绍了我如何从常熟理工到华东政法，我真诚地告知节目组，也许我的学历不是最好的，但我代表了很多普通人奋斗的轨迹。说实话，当时我并没有抱太大的希望，我唯一的想法就是机会摆到了我面前，我争取过，我不后悔。但谁也没有想到，在我按下邮件发送键的那一刻，命运的齿轮就此开始转动。也许真诚是最大的必杀技，也许节目组确实需要我这样一个草根选手，过了一段时间，我收到了节目组的通知，我顺利通过首轮选拔。之后就是四五轮的各种测试，有线上辩论、书面考试、线下压力测试，最终我站到了镜头前。我成功地把握住了这次机会。

我从来不觉得这是一次纯粹的偶然和运气。也许有人会说，恰好当年有了这么一档节目，恰好你的朋友给你发了招募信息，恰好你又去报了名，恰好节目组需要你这样的人设，这难道不是偶然吗？一次"恰好"也许真的是偶然，但很多次"恰好"则是必然。很多人会弄混"机会出现"和"把握机会"这两个概念。机会的出现大多是偶然的、无法预测的，但如何把握机会绝非运气本身。

机会可求不可遇

很多人说机会可遇不可求，但我认为恰恰相反，机会可求不可遇。尽管我们无法创造机会，但是我们可以靠近并发现机会，从这个层面来说，这是我们能动选择的结果而并非他人的馈赠。其实在报名节目之前，我已经开始在抖音上发一些普法的小视频，短暂的自媒体尝试让我打开了对于流量的认知，我必须得承认，报名的原因之一必然有某些想"火"的成分。在我的同学们还在埋头苦干的时候，我已经有了一定的互联网觉醒意识。我不敢说自己拥有多么敏锐的洞察力，但至少可以说，当机会偶然出现在我身边时，我发现并靠近了这次机会，不是机会拥抱了我，而是我拥抱了它。

其实很多人都在无意识地靠近机会，我们愿意花几十万读清华MBA，可能并不是为了获得更多的管理才能，而是为了拓展更多的人脉；我们拼命涌向大城市，也不是因为大城市有地铁轻轨、高楼大厦，而是因为大城市有更优秀的人、更超前的思维方式，这些都会潜移默化地塑造我们。农村的父母怎么也想不到，以前走街串巷兜售爆米花的小贩摇身一变成了直播带货达人，大山里的农民同样也无法预见帮人跑腿送饭能催生出价值千亿的互联网巨头。

眼界和阅历可以帮助我们形成不一样的视角，看到别人看不到的东西。机会不会主动送上门，需要我们主动去靠近。"不要只等待你所期待的机会。当有比你现状更好的机会出现，你要主动靠近这个机会，接受这个机会。这是通往更多更好机会的第一步。假如你不断提升自己，不可能没有机会，世上不可能会有这种事情。"

遗憾的是，很多人即使发现了机会也不敢尝试，这比没有机会更令人唏嘘。一个朋友说他最后悔的事情是当年没有认购公司的原始股，他纠结了好久，认为公司只是画大饼，尽管30万元对他当时来说并不是一笔大数目，在四处咨询了很多朋友后他最终放弃了这个机会,而现在公司上市在即,他说他错过了人生中回报比最大的一次投资。不去尝试的机会对我们而言根本没有任何意义。我们总是惊讶于成功人士眼光独到,但大部分的成功并非仅仅有关眼光,而是在一次次机会的尝试中试到了成功的彼岸,只是那一次恰巧被我们看到而已。

机会是试出来的,而不是等出来的。我们必须明白,不是每一次机会都会让我们飞黄腾达,而是需要我们不断地试错,运气好也许一次就能试出来,运气不好可能需要试几次、几十次,甚至几百次。在出名这件事情上,我属于运气好的,但是在职业道路上,我尝试了三次才抓住了真正属于自己的机会。

当然,很多人会说普通人试错需要成本,一次两次也许能够承担,但三次四次则会让自己万劫不复,这也是很多人面对机会不敢尝试的原因——害怕失去已经拥有的。我们抱怨机会的不平等,抱怨机会是有钱人的容错率,但当机会来临时却畏首畏尾,给自己找各种借口。

其实，越是普通人，才越要尝试，本是孑然一身，何惧两袖清风？所以当节目组告诉我必须辞职才可以得到这个机会时，我没有过多犹豫。如果我们仔细观察，你会发现世界有意思的地方在于，有钱人从不怕失去，越有钱容错率越高，所以他们越容易成功；真正的普通人也不怕尝试，因为本身已经没有什么可以失去了，所谓光脚的不怕穿鞋的，有时候反而也能抓住一些机会；恰恰是中产阶级，拥有的不多不少，比上不足比下有余，最容易患得患失，就像我那位朋友一样。

我曾经设想，如果我没有自己努力一步一步走到华东政法，那我能否还拥有这个机会？答案显而易见。这是一档面向法学生的节目，如果没有这个身份，我甚至没有资格发出那份自我介绍；如果没有五院四系的加持，再优秀估计也很难被注意到，毕竟招募要求就是"知名法学院"。要知道，很多机会其实是有门槛的。虽说机会面前人人平等，但人人面前的机会并不平等。不同的背景、教育和资源会影响一个人获取机会的能力，我们无须讨论社会本身是否公平，因为明白机会的不平等不是为了抱怨社会，而是敦促自己做得更好，尽可能被机会平等地对待。

很多人抱怨自己怀才不遇，感慨自己缺少一个舞台，但遇到伯乐之前至少要先努力让自己成为千里马，登上舞台之前至少先成为一名舞者，也许这就是努力并时刻做好准备的意义。马斯洛说："如果你有意地避重就轻，去做比你尽力所能做到的更小的事情，那么我警告你，在你今后的日子里，你将是很不幸的。因为你总是要逃避那些和你能力相联系的各种机会和可能性。"

危机也是机会

虽然我努力抓住了这次机会，但节目第一次播出的时候我就遭遇了一次危机。因为我的"危险"发言，网友对我的评价并非正面，我的现实、我的无理想都成了网友口诛笔伐的理由，甚至上升到一些人身和家庭层面的否定，我不能说这是一次网暴，但对我而言确实是一次形象危机。虽然我的心理承受力足够强大，但要说一点不在乎也不实际，我担心节目还没有播完，我的形象就已经崩塌。

但后续事实证明，所有的危机中都蕴含着机会，关键看如何应对危机。随着后面几集节目的播出，网友对我的评价彻底扭转，第一批骂我的人也许成了最支持我的那批。罗斯福说："每一个危机也都伴随着机遇，只有有智慧的人，才会知晓如何把握危机，厚积薄发，使其发展成更大的能量。"

危机也是机会，这在互联网中尤为明显。流量，就跟冲浪一样，没有正反面，浪越大，冲得越高。大家应该都还记得雷军的"are you ok"，原本是一场无厘头的狂欢，但小米的借机营销，成功将危机变成了一次声势浩大的品牌宣传。真正依靠流量的头部"网红"或者带货主播，也都是经过大风大浪考验的，每一次负面热搜都是一次机会，挺不过去或许就被淘汰了，但是每挺过去一次，他们就可能站得更高，直至顶峰。我们的日常生活大概也是这样，别人的每一次质疑都让你更加坚定，生活中的每一次嘲讽都让你更加顽强，那些打不倒你的，终将使你强大。你要知道，机会并非总是阳光明媚，有时它以失败的样子出现，有时它戴着痛苦的面具，真正聪明的人，会撕掉伪装，化危机为机会。

最新一季节目招募的时候，有个学妹报了名，她咨询了我一些"内幕消息"，末了，她问我，成功能不能被复制？虽然我一直以积极形象示人，但在这个问题的答案上我是否定的。因为每个人的性格、智商、身份、环境都不一样，更重要的是每个人所遇到的机会也不一样。社会一直有这样一种偏见：那些"网红"，学历不高，凭什么赚得比普通人还多？如果我们这么想，其实就陷入了学历至上的泥潭，成功和学历或许并不成正相关，决定一个人上限的从来不是学历，而是机会和见识。有些人放弃了读书，但没有放弃学习；有些人家庭不好，但抓住了机会。而见识并非人人都有，也并非人人都能把握住机会。

把握机会，要靠足够的努力

悲观主义者往往笃信天定论，"从你出生的那一刻起，端什么碗，吃什么饭，经历什么事，什么时候和谁结婚，都是定数。""成功是 99% 的努力加上 1% 的机会，但 1% 的机会比 99% 的努力更重要。"……诸如此类无限夸大命运决定作用的名言警句很容易让人放弃希望，我承认在大富大贵上确实需要一些运气。有些人把握了发展趋势，站在了时代浪尖，就像雷军说的"站在风口上，猪都能起飞"，但这种极端例外的情况从来不具有现实意义，大部分的人并非都梦想开创下一个小米，我们小民只想小富即安，只想让自己活得不是那么狼狈,而这是坚持努力可以实现的。

　　这并非站在我过往经验上的一面之词。我相信通过读书、拼搏、奋斗改变命运的例子绝对不在少数,就像我,即使我没有上过综艺,没有这次机会,最坏的结果是默默无闻,但我的人生,在我考上研究生的那一天,早就翻开了新的篇章。学历虽然决定不了我们的上限,但可以决定我们的下限,至少可以确保我们活得不会太差。所以我们应该做的是,保持读书和学习,守好下限,并在机会到来时牢牢地抓住它,突破上限——这是成功的经验。虽然成功本身不能被复制,但成功的经验可以被学习。

　　与其说机会是一次偶然,也许把机会比喻成一扇门更合适,它既是命运给予的礼物,也是个人努力与准备的结果。它可能因为犹豫、恐惧、不信任而永远关闭,也可能因为一次偶遇、一次选择、一次决断而突然打开。

　　很多人都曾问过我一个同样的问题:哥,你当年怎么被《令人心动的 offer》节目组选上的?我的回答都是:50% 的努力 +50% 的机会。

把自己作为方法

03

带着目标奔跑

研一到研二的那个暑假,我没有回家。我拉了一支六个人的小队,在烈日骄阳下穿梭于上海大大小小的街头和社区,为我们的社会实践做前期的资料收集。过程毫无疑问是艰辛的,我作为队长,除了调动组员的积极性、分工协调外,还要负责大量的资料整理、调研报告的撰写以及最终的答辩工作。那个暑假,我几乎所有的白天都走在发放问卷、采访各种对象的路上,每个夜晚都在分析数据、伏案写作。我们的队伍最终从班级杀到院级、从院级杀到校级、从校级杀到省级,拿到了上海市"知行杯"的一等奖。这是我学生时代一个不大不小的成就,本身并不值得吹嘘,但这件事却教会了我一个重要的人生道理：**带着目标做事**。

在我考进华东政法大学的第一天，我就给自己定了一个3年规划，毕业之后一定拿到上海的户口。导员告诉我，上海的落户政策是积分制，需积满72分，按照惯例，从华政研究生毕业，还差3分，通常有三种途径可以补足：一是在国家级的项目里获得名次；二是拿到上海市优秀毕业生；三是考上公务员。权衡了难易程度和个人兴趣，我最终选择通过市优毕落户。

拆解目标，实现目标的第一步

每个人都知道设定目标的重要性，我们通常也会给自己设定很多目标：职场的、生活的、学习的……比如一年看完50本书、存下10万元钱、减肥30斤，但遗憾的是，大多数人的目标要么半途而废，要么无法持续推进。失败的原因可能多种多样，但成功的道路往往具有相似性：很多人习惯性地站在起点去规划目标，但人生的关键从来不在起点，而在于终点，我们应该学会从终点往回看。

目标定得太大很容易让人望而却步，站在起点看50本书，想想都让人头大，于是梦想的小船还没有启航就搁浅在了胆怯的沙滩上。但也许站在终点回溯，把50本书的目标分到每个月，每个月4本，8天看完一本，每天看完50页，似乎就没有那么让人绝望了——无论什么目标，都要学会反向拆解，拆解成"跳一跳就能够到"的小目标。通过完成每个小目标，做好每一个1厘米，并持续给自己正向价值反馈，很多事情也就水到渠成了，就像我的目标是拿到市优毕，但最终考核要素有很多，比如绩点、论文发表、社会实践等。所以为了落户，我必须鞭策自己在这几方面做得都足够好，我站在终点把一个大目标拆成了三个小目标，告诉自己需要全面发展。

设定目标最大的意义在于为人生找到一个努力的方向，所以一旦有了目标并付诸实践，我们就开始了人生的升级打怪之路。和本科不同，在读研期间，我比其他很多同学都要认真，我没有把时间浪费在寝室的床上，也没有听信"六十分万岁，多一分浪费"的躺平文化，我相信只要还在学校里，绩点永远都是立身之本，无论以后读博、出国还是申领奖学金，绩点永远是最大的核心竞争力，所以我努力学习专业知识，保持绩点领先；我认真做了社会实践，除了带给我各项荣誉之外，更多的是提升了我的书面表达和人际沟通能力，无数次的答辩让我敢于在公共场合勇敢地表达自己，评委的刁钻提问让我学会了在重大事件中临危不乱，这次机会让我得到了很好的锻炼，这大概也是日后我敢于勇敢展现自己的原因之一；我还积极地发表论文，在担任班级干部期间，利用空余时间做义工，献爱心，顺便在上海二中院完成了6个月的实习。

岁月永远不会辜负一个努力的人，图书馆的无数个日日夜夜最终让我的照片挂在了优毕的橱窗里，我用手机拍下了这个值得铭记的瞬间，就像高三那年我用相机拍下了红榜上我的名字一样。最终，我完成了自己落户的目标，当然在这个过程中我还拿到很多奖学金：国奖、社会奖学金、学业奖学金……这些都是目标之树上结出的意外之果。总结这三年，我最大的感受是：目标，不仅仅让我们看到山顶的磅礴，沿途的秀丽风景同样尽收眼底，当我们播下一颗种子，我们收获的不仅仅是果实，还有鲜花绿叶、蜂蝶环绕，还有温暖的阳光和热烈的掌声。更重要的是，在实现目标的过程中，我们在不知不觉中成长为更好的自己。

追求目标，但别过于紧绷

带着目标做事并不意味着带着目的做事，这和功利主义不同。过分追求目标的实现很容易让自己动作变形，得失心太重往往会招致失败。就像后来参加节目时，我比任何一名实习生都想拿到最后的机会，我比任何人都更看重最后的结果，以至于我每天精神紧绷，小心翼翼。巨大的压力终究让我犯了一些致命的错误，写错律所名字、自作主张落款律师团队、引用过期法条等，虽然我可以给自己找一些理由去推脱，比如怪输入法、怪上一个律所的职业习惯、怪法律检索软件等，但永远不可否认的是，我过于着急了，我仿佛把"赢"写在了脑门上。

导演后来告诉我，大部分的实习生都只是把这档节目当成一次展示自己的机会，输赢并不重要，只有我一个人是来拼命的，对此别人从容不迫地走到最后，我确实有些狼狈。社会并不喜欢目的性太强的人，因为没有人希望自己沦为别人达成目的的工具，尽管大部分时候无可避免。"真正想做的事情，连天地也不要说"，这既是人情世故，也是藏锋露拙，是大智慧。当然，这次经历也很好地教给了我一个职场道理，无过便是功，有时候可以不用做到完美，可以不用惊为天人，但必须保证无错。很多事情可大可小，但任何一场非难的发动，总需要一个理由，尽量别给别人留下这样的机会。

坚持积累，放下对结果的执念

如果我们能够放下对于结果的执念，更多的关注就会放在过程上，我们反而更能够享受前进路上的那些风景独好，这也是一种别样的人生体验。到北京后，在同事的熏陶下，我迷上了文玩，小叶紫檀、核桃、菩提、猴头，各种串儿买了一堆。前段时间朋友带着我到潘家园花 750 元买了一对平谷元宝核桃，和所有玩家一样，我的目标肯定是盘出一堆玉化核桃，但这需要漫长的过程，要不人们怎么说，好的核桃从来不是以年为单位的，而是以小老头为单位的呢。我迫切地希望尽快达成目标，偶然看到一种速成的方法——机刷，于是我开始向朋友咨询操作方法。朋友掏出自己那对已具雏形的核桃，告诉我"这对儿啊，我玩了四年才这样。这核桃呢，玩的就是心态，是过程，机刷就失去了文玩的意义，你要真想追求最终的结果，你直接去买 99 元一对儿药泡的成品得了,又红又亮,网上多得是。你得记住喽,是你盘核桃,而不是核桃盘你"。

确实是这样,很多事情本身就是意义所在,过分执着于结果只会受制于结果,而忘记了自己为什么出发。现在这对核桃在我手里已经3个多月了,看着它一点一点地从白茬到包浆,再到棱部渐渐变红,我的心态也在一天天的岁月沉淀中变得平静,也许这就是过程的意义。

当然我还是期待最终玉化的那天,相信总有一天会到来,甚至可能会以某种意想不到的方式。生命中有很多事情是这样,在那个当下也许看不到结果,但横跨整个人生的长度,每一个看似微不足道的瞬间,都像长流细水,汇聚成我们未来命运的汪洋大海。

本科毕业后的一次外企的面试让我知道了英语的重要性,虽然做着和英语毫不相干的销售工作,但我一直坚持学习英语。我每天精读和精学一篇VOA,我不知道学英语这件事在当下会给我带来什么帮助,但一年半后的考研证明了这个朴素的道理:人生中的每一步,都作数。考研英语上我并没有花过多的时间复习，但最后成绩不算差，我想这和天赋无关，关键在于平时的点滴积累。直到现在，我都没有放弃对英语的学习，每周我都会抽出时间，看一段英文新闻，读一段英文著作，或者参加一次线上英语角，也许现在用不上，但不代表以后用不上。正如某位名人所说："你必须相信，那些点点滴滴，会在你未来的生命里，以某种方式串联起来。你必须相信这些东西——你的勇气、宿命、生活、姻缘，随便什么——因为相信这些点点滴滴能够一路连接，会给你带来遵从直觉的自信，它使你远离平凡，变得与众不同。"

别急！关注长期收益

在实现人生目标的过程中，关注长期利益也许比关注短期利益更重要。对即时利益的追求很容易让我们急躁，忘记了欲速则不达的朴实道理。很多时候，慢慢走，反而会更快。

《源氏物语》中有一个关于马车比赛的场景：一位贵族选择驾驶快速马车，另一位贵族则选择了稳重、缓慢的马车。比赛开始时，前者自信满满，快马加鞭并遥遥领先，但过快的速度导致了对马车的控制不稳，最终在一个转弯处失去了控制。而后者则保持了稳定的速度和控制，最终在对方失误时完成了超越，赢得了比赛。很多时候，我们总以为跑得快就是进步，却忽视了稳定和耐心的重要性，不急不躁，慢慢走反而能更快地到达目的地。

我的微博签名叫"狂飙的蜗牛"，"狂飙"代表了积极进取的精神，而"蜗牛"代表了"慢"，代表了脚踏实地，一步一个脚印。

影响我们放慢脚步的最大敌人是情绪，尤其是付出之后看不到回报时的狂怒和不甘。等到成功在未来某一天和自己不期而遇，随便说说简单，身体力行又何其难？曾有人说"今天很残酷，明天更残酷，后天会很美好，但绝大部分人死在明天晚上，看不到后天的太阳"，这是大部分普通人的真实写照，我们也许可以轻描淡写地谴责他们不懂坚持，但现实的压力——经济的、情感的、学业的、家庭的，让普通人的坚持举步维艰，成功人士可以不用考虑每天的一日三餐，但普通人永远担心吃了上顿没下顿，后天的太阳确实很美好，但若又是阴云密布该何去何从。

生活的压力让大部分的普通人被迫选择急躁，我们都知道"短视"是某种贬义词，但大家几乎没有选择的余地。我相信普通人之"普通"，从来都不是普通于不懂坚持，而是普通于现实——我们恐慌未来，我们埋怨社会的不公，埋怨家庭没有提供坚强的试错后盾，埋怨付出后的落水不响，我们变得暴躁，愤怒让我们失去方向，挫折让我们漫无目的地狂奔，最后身心俱疲。但越明白这个真谛，我们越应该学会控制和管理自己的情绪。

心理学上有个术语，叫"野马效应"：非洲草原上有一种吸血蝙蝠，依靠吸食动物的血液为生。这种蝙蝠经常会叮在野马腿上吸血，每逢此时，野马就会暴怒、狂奔，但无论怎么样摇头摆尾都无法摆脱，最后蝙蝠在酒足饭饱后离开，而不少野马被活活折磨死。动物学家们对野马的死因进行研究，结果发现蝙蝠所吸的血量极少，远不足以使野马死去，野马真正的死因是其易怒的脾性和它们盛怒之下的狂奔。

所以，学会做情绪的主人吧，现实就是那样，生活中也到处充斥着恼人的蝙蝠，但杀死我们自己的从来不是生活中的挫折与艰难，而是自己糟糕的情绪。别让愤怒左右自己的方向，别让情绪影响自己的脚步。

目标，也是一种过程

目标，其实不仅仅是结果，同时也是过程。我们时常探讨过程和结果到底哪个更重要，这个问题从来没有标准答案。**正确的做法也许是：在实现目标的路上，对过程尽力而为，对结果坦然接受**。对于成功的结果我们要学会感恩，但不要妄自尊大，我们感谢曾经努力的自己，但不嘲笑他人的功亏一篑。当结果无可避免地以失败的面目出现时，我们享受过程，同时接受失败是人生的常态。

我想起读研的第一天，我还给自己定下了进入红圈律所的目标。我为此努力了三年，甚至抓住了《令人心动的offer2》中那个万分之一的机会，但结果如大家所见，我还是失败了。也许结果并不尽如人意，但这个过程依然值得铭记，我收获了友情，我收获了长辈的谆谆教诲，我收获了一次充实的人生体验。过程是结果的一部分，就像失败从来都是成功的一部分一样，每个人都会面临失败和挫折，但重要的是从失败中吸取教训并将其转换成人生的经验，失败最大的意义在于教会我们如何面对挫折。智者说："一次成功不代表人生的成功，一次失败同样也不代表我们的人生的失败，人生的高度是由千百次的努力和坚持堆砌而成的。"

职业规划，
找到自己的价值感

再一次职业转型、成为一名老师绝非心血来潮，而是我深思熟虑的结果。如果说第一次从销售转到法律多少有一些冲动，那第二次的人生转型则是理性选择的结果——人一定要打好自己手上已有的牌。

2022年10月8日，是我正式入职厚大的日子，从这一天起，我多了一个新的身份：厚大法硕刑法的主讲老师。从这一天起，我的职业生涯开启了新的篇章。

选择适合自己的：这次我想站在台前

可能和节目上展现的有所不同，其实我是一个外向的人。我喜欢在演讲时把同学们逗得哈哈大笑，我喜欢在聚会时给朋友们表演我新学的魔术，我喜欢挑战和展现自己，时常也会夸夸其谈，加上综艺经历，我欣赏站在聚光灯下的自己。其实在转型之前，我已经是教培行业内某机构的合伙人，主管讲师的运营和推广，对于文静内向之人，这可能是极佳的选择，但是对于我这样一个"冒险家"而言，却是一种煎熬，好似鸟在笼中，关羽不能张飞。

很多人可能一辈子都不知道自己真正喜欢什么，但是对于正在做的事情，我们一定知道喜不喜欢。我清楚地知道我并不享受这种盯着数据搞营销的日子，我也不喜欢安排别人和被别人安排，或者说我可能还没有准备好只做一个幕后管理，我更想坐到那张讲台上。

当时我的收入已经不菲，同行的朋友说目前的状态也许是我当下最好的选择，既可以锻炼管理能力，又有可观收入，还有年底分成，但内心的声音一直提醒我，最好的不一定适合自己，相反，适合自己的才是最好的。内心永远是我们最好的指南针，我最终遵从了自己的直觉。

离开的时候，团队告诉我：要学会默默无闻，甘为人梯。我承认在这件事情上我确实没有什么格局，但我就是那个爬梯的人，我想站到台前，做自己人生的主宰。我特别佩服那些能甘为人梯的人，因为自愿地、纯粹地助人实在难得，教师职业算一个，这正是我孜孜以求的。但这四个字用在职场中我并不赞同，无论是打工还是商业合作，终究绕不开"对价"两个字，所谓"甘为人梯"更多的是一种投资，目的是获得超额回报，这在培训行业、直播行业尤为明显。我不敢断言这是某种程度的PUA，但助人方式有很多种，尤其在职场中，相比于牺牲自己成就他人，也许互为基石、共同进步更加雅俗共赏。

做职业规划，先看清自己

除了性格原因之外，流量是我手上的第二张牌。这是一个流量为王的社会，我恰好有一些积累。摆在我面前有很多选择，但如何最大化地利用已有的流量优势，是我必须考虑的实际问题。

第一种，做"网红"。网红是流量的共生体，似乎只要我维持现有流量就可以温饱无忧，公众普遍觉得"网红"挣钱容易，事实也确实如此，一个百万博主一条广告的收入是很多普通人一年的收入，但"网红"永远有生命周期且难以持续。其实我不是没有挣扎过，在我流量最大的时候，不少经纪公司找我签约，我也心动过，但最后都婉言拒绝了，我对自己有清晰的认知，我并非流量的弄潮儿。

2021年的爆火只是一次偶然，与其说网友感动于我的励志故事，我更愿意相信是一群普通人对另一个普通人的同情和保护，在媒体的渲染下演化成一次次为小人物的呐喊，同时也是对自己命运的投射和共鸣。但所有的故事都有终点，永远会有下一个悲情的小人物被搬上荧幕，揪住网友的心，我的故事，在我被淘汰时就已经画上了句号。

所以在一些摸索和尝试后，我发现真正的立身之本不是玩弄流量，而是沉淀专业，务实的做法是将其当作副业，既不拒绝，也不期待。现在很多年轻人，尤其是刚毕业的大学生，立志成为 KOL。比如一位亲戚的女儿在毕业后的前两年把所有的时间全部花在了拍摄短视频上，这其实也是一种自我优势分析，毕竟年轻漂亮，有一些才艺，自媒体可以实现最快速度的变现。

但人生最大的悲剧是错把偶然当必然，我们只看到别人的成功，往往忽略天时地利人和缺一不可。我鼓励大家去尝试人生无限的可能性，但作为围城里的人，在成为"网红"这件事情上，大家应尽可能随遇而安，可以轻仓，但不要梭哈。

第二种，继续做律师。这是我纠结了很久的问题，现实需要最终占据了上风。很多人都知道律师行业的成长周期十分长，但比这更残酷的事实是，对没有资源、没有背景的人而言，不是成长缓慢的问题，而是很难有成长。当然我这里指的不是专业能力，而是职业高度。

不想当将军的士兵不是好士兵，不想当合伙人的律师也不是好律师，但这行的生态永远不是仅仅依靠专业能力，合伙人的创收大部分靠的是世俗的那套规则，我曾见过做了 20

年的老律师依然授薪，研究生刚毕业的小伙却能挂职名义合伙人，家庭背景是横亘在两者之间的天堑鸿沟。以前没得选，我更愿意相信耐得住寂寞、守得住繁华，但现在我想做个俗人。家庭永远无法帮我缩短周期，这已是事实，鉴于关注我的大部分人本身并无法律纠纷，而且真正需要委托律师的往往也不会通过网络，因此流量在律师工作上也不会直接赋能，继续从事律师职业对我而言并非最优选项，所以我把它当作我的退路而非进路。

第三种，做老师。曾有专业人士对我的粉丝群体做过分析，发现和考研群体高度重合，这是我得天独厚的优势。所谓兵马未动粮草先行，舞台搭好，观众落席，我唯一要做的就是在第一次亮相时一鸣惊人，而对此我向来深信不疑。

另外，理论和实践从来都是相辅相成的，当我决定做刑法老师时，律师职业并未走远，而是换了一种方式继续沉淀，授课的过程也是自己专业不断精进的过程，好似茁壮成长的大树上长出的斜枝旁杈，终究没有脱离法律共同体，相反为律师工作提供了更多的养分和背书。毫无疑问，做老师是上上策。

做职业规划，也要重视自己的价值感

职业规划，第三个考虑的因素是价值感。网友都说我是"二本之光"，光的形式有很多种，授人以鱼是一种，授人以渔是另一种。与其空谈考研改变命运的大道理，也许告诉别人"如何考研"更有价值。

以前做律师，时常觉得自己是附庸，不但无法影响别人，还会被客户压制自己的价值观，甚至被迫接受一些世故和人情，尽管这是必要的，但我并不快乐。而成为老师，在课堂上传递知识，用自己力所能及的力量帮助迷茫中的年轻人走出困惑，这种获得感和价值感令人着迷。其实关注我的大多是二本的学生，他们更需要力量和动力去改变自己的现状，而我的价值就在于现身说法，告诉他们一切皆有可能。

最后就是个人努力程度的决定作用。做过律师的朋友都知道，大部分律师都倾向于代理公司案件，客单价高且长期稳定，每一个成功律师手上都把持着相当数量的公司客户，个人业务则相对烦琐，还经常要不上价。我们不能绝对排除没有背景的律师通过不断的个人努力成功获取客户芳心，但我们更加不能低估社会本身盘根错节，在一个家庭高度决定职业高度的行业里，个人努力可以征服法条，但大多数情况下征服不了优质客户，这也是很多人选择先干几年法官或者检察官再辞职做律师的原因，无非想先期培养感情而已。

但在培训老师这个行业，只要你站到台前，唯一需要征服的就只有市场，没有那么多暗度陈仓，几乎可以说，个人努力决定职业高度。

从想要到做到：
努力决定高度

培训行业竞争的激烈程度丝毫不亚于律师行业，能够成为机构主讲的，要么是熬了很多年具有充分经验的老前辈，要么有显赫的学历背景，而我在此之前仅仅有过极为短暂的教辅经验，且我的学历也并非光鲜。我很早就意识到了这一点，所以只能选择厚积薄发。在没有任何一个机构给我兜底的情况下，我用了大半年的时间，窝在出租屋中写出了35万字的讲义。

一个成熟的老师只有讲义是不够的，还需要成熟的讲课技巧和流程，所以我对着镜子一遍又一遍地练习，我用摄像头记录，并复盘和改进，我在讲义之外又增加了几十万字的批注；没有听众，我就找朋友"普法"，甚至在和出租车司机聊天的间隙，我也不会放过练习的机会；我把别人可能需要一年时间看完的专业书籍压缩到半年，到我正式出道，已经过了约一年的时间。我们都知道格拉德威尔的"一万小时定律"，我一直将其奉为圭臬："人们眼中的天才之所以卓越非凡，并非天资超人一等，而是付出了持续不断的努力，1万小时的锤炼是任何人从平凡变成世界级大师的必要条件。"

我做了一个预估，即使每天投入8小时，按照250天算，我在转型老师的路上至少投入了2000小时，我并非想成为世界级的专家，2000小时足以让我在新的道路上占据一席之地，当然这个数字在新的一年至少增加了1500小时。

心理学家从来都承认与生俱来的天赋，但他们对天赋研究越深入就越发现，天赋的作用其实很小，而后天的努力其实作用很大，也许我们做任何一件事情的时候都可以为自己制作一份时间清单，无论是写作、滑冰、棋手，抑或江洋大盗，你所投入的时间一定会给你答案。

这次尝试在别人看来也许又是一次背水一战，仿佛和当年辞职考研、辞职上节目如出一辙，但其实在任何一次重大的人生决策上，我都没有打过一次无准备的仗。看客总关心结果和戏剧冲突，过程的艰辛只有赶路的人冷暖自知。

我并不想自我感动，因为我深知所有的成功都来之不易，我所经历的部分，不夸张地说，这行所有的老师都曾经历过，我只是走过他们来时的路而已。不同的是，我野心勃勃并不甘于做一个二线老师，别人几年走过的路并非一年内走不完，所以拼命是必要的。这是每一个职场人都应该明白的道理，要想缩短成功的时间，势必要拓宽努力的界限。

我的转型之路并非一帆风顺，在得到厚大这个机会之前，我已经被三家机构拒绝了，当然原因多种多样，但我从没有自我怀疑和放弃。和我预想的不同，所谓流量加持并没有为我一路开绿灯，很多时候由于立场和需求不同，我们视为珍馐的东西在别人眼里可能一文不值，真正走到一起的往往是在合适的时机遇到合适的人。现在我在这行已经度过了一个完整的学年，回望这一年，我很自洽。舞台给了我表达的机会，让我的个性得到了充分释放，价值感让我时刻感觉自己做的事充满了意义，我比以往任何时候的自己都更像自己。

我们早就听闻许多关于"坚持就是胜利"的箴言，这些都是实践检验过的真知灼见，但智者也提醒我们：坚持在错误的道路上，奔跑也没用。我们应该看清楚自己手上已经拥有的每一张牌，家庭条件、才能、素质、兴趣，立足当下，找到真正适合自己的路。"不要担心你没有的东西，而是要充分利用你拥有的一切"，成年人应该学会扬长避短，迎难而上的前提一定是有机会迎刃而解，否则就是以卵击石。

我们必须承认，有些东西，出生的时候有就有，出生的时候没有，这辈子可能也就真的没有了。我这么说并非消极避世，而是强调知己知彼后选择和努力的关系，及时调整自己的奋斗方向并不意味着失败和放弃，有舍才有得，就像鲁迅弃医从文，就像孙中山先生弃医从政，就像当年我选择法律是因为不用考数学。

国庆节回家，父亲又开始喋喋不休，在他的认知里，他并不知道培训老师的具体工作，以为我一直在不务正业，他责怪我放着好好的律师不干,而去"投机取巧"。我没有和他争论"投机取巧"和"随机应变"的区别,我知道,打好自己手上已有的牌,没有错。正如一句阿拉伯谚语:跛足而不迷路的人,胜过健步如飞而误入歧途的人。

别让"热爱"成为道德绑架

一次上课的间隙,有个同学突然问我:老师,你有热爱的事情吗?这个问题突如其来,我没有任何防备。我思考了良久,我有真正热爱的事情吗?我搜肠刮肚,开始寻找答案。我记得我好像喜欢美食,喜欢看电影,喜欢在周末躺在床上刷一下午的短视频,我想直接把这个答案抛出来,但脑海中似乎有一个声音阻止了我:这是真正的热爱吗?

热爱可以是一切

"热爱不是短暂的快乐,而是长久的充实!"世俗的观点好像给热爱下了一个定义,并借此谴责很多人贪图享受,误将短暂的快乐当成热爱。我们的确会循着这个定义落入某种陷阱,比如我们经常会有这样的感受,刷完视频后好像真的就剩下空虚,你甚至会自责到给自己一耳光,并为白白浪费了一下午而懊恼不已。但热爱从来就无标准答案,热爱源自内心最真实的感受,和时间长短无关,和投入程度无关。热爱,是个人体验的产物,它可能存在于任何事物中,无论平凡还是非凡。

很多人说一辈子都找不到自己的热爱,但热爱其实就藏在我们心中。要找到热爱,首先要进行自我探索——学会向内看。这就像在一座大房子里寻找一盏特别亮的灯,我们需要知道每个房间的位置,向内看就是了解这个房子的过程。热爱,它不仅仅是关乎我们喜欢什么,更重要的是与我们的生活目标和价值观相一致:若崇尚艰苦奋斗,那历经风雨终见彩虹才是热爱;若崇尚怡然自得,那白马春衫慢慢行亦是热爱。多审视自己的内心,时常问问自己想要什么,内心会比世俗更优先给你正确答案。

找到热爱的方法

回望过去会帮助你更好地发现自己内心的真实想法，热爱的线索有时候就藏在你过往的日常生活中：如果你的书架上都是历史相关书籍，毫无疑问你热爱历史，也许以后你会成为考古学家；如果你的鞋架上摆满了篮球鞋，说明你对体育感兴趣，未来也许能打进NBA呢！很小的时候，我就特别喜欢指导表弟表妹写作业，我也很开心经常作为反面教材对不好好学习的亲戚们现身说法，这种好为人师的特质冥冥之中决定了我最终的职业选择。

向内看其实也是一种反思，通过过去理解自己的内心，我每天都坚持做的一件事情是，睡觉前回顾一下今天，哪些事让我感到愉悦和兴奋，哪些事让我感到无聊和沮丧，这指引着我清晰地找到了自己的热爱和厌恶所在。

除了自我审视，尝试和实践是探索热爱的最好方式。就像前文所言，你可能不知道自己到底喜欢什么，但正在做的事，你一定知道喜不喜欢。实践，不仅帮助我们发现自己的兴趣，还能探索自己的潜能和内在的热情。在那次地铁上偶然打开一本电子版《美国的故事》之前，我已经好多年没有认真看完一本专业之外的图书，但那次尝试让我再次感受到了文字的魅力。

碎片化阅读这个习惯我已经坚持了近两年，虽然才看完了四十几本书，但我从此确信我是热爱阅读的。

任何一次尝试，都会让你离自己的热爱更近一步，它可以是长久的专业性实践，也可以是业余爱好的选择，哪怕学一门语言，完成一幅小画作，烹饪一个新菜式。

很多人会询问我如何进行职业规划，我并非职业规划的专业人士，但我想我最引以为傲的事情应该是将自己的兴趣、能力和职业结合到了一起——此点也许具有参考意义。通过分析自己的性格、喜好、能力以及追求从而确定自己的职业，也许是人生最完美的事情。美国著名心理学教授约翰·霍兰德说："人的内在本质必须在职业生涯的领域中得以充分扩展，期待一个人能在适当的生涯舞台上充分地展现自我，实现自我，不仅能安身，更能立命。"

将热爱转化为职业技能，那我们的工作将不再是单纯的谋生手段，而是实现个人价值的舞台。不过这个过程并非简单或者一蹴而就，需要自我审视和不断地尝试，也需要我们勇敢地走出自己的舒适区。当然，并非每个人都能自由地选择职业，如果你迫不得已做了一份自己并不热爱的事情，平衡个人兴趣和职业责任则显得极为重要，管理好时间，做好本职工作，而下班后和周末的时间，千万别忘记自己的兴趣爱好，再忙，也不要丢了自己。

热爱没有高贵平凡之别

不可否认的是，社会常常对热爱有着误解，人们习惯将其等同于高尚的追求或者极端的专注，但实际上，热爱是可以简单而又平凡的。诚然，不是每个人都能将热爱转化为职业，但这不意味着我们的生活缺乏热情或者价值。很多别人看来毫无意义的小事，在我们做的那个当下，心灵获得了休憩和放松。问问自己，享用美食时是不是幸福满满？两个半小时的观影时刻，是不是有欢声、有泪水、有放空、有思考？躺在床上看一下午的短视频，一周的疲惫和压抑是不是一扫而空？

快乐和热爱从来没有等级，低级快乐也是快乐，短暂充实也是充实，热爱并非永不停歇，适当地驻足是为了更好地前进。人们总是喜欢把一些事情附着某些不着边际的意义，以此凸显优越感，好像清贫就是高尚，享受就是卑劣，但忽略了内心的直觉。

任何一件让内心感到愉悦的事情，都是热爱，都值得我们去尝试和实践。我喜欢旅游、我每年至少去崇礼滑雪两次，但这不等于消费主义，不是只有天天在工作岗位上蓬头垢面才叫热爱。你可能热爱健身，但不一定非要练出8块腹肌，大汗淋漓后的欢愉同样让你心情愉悦。在一次综艺节目的拍摄过程中，我认识了一名摄像小哥，闲聊中惊讶地得知小哥居然是从清华大学物理系退学的，我问他为什么要退学，他告诉我他不喜欢物理，我又问，难道摄像是你热爱的吗？他说，工作只是活着。直到他给我看了他心爱的座驾——我才发现他真正热爱的是摩托。

没有人谴责他居然没有为了物理这份伟大的事业奉献终生，我也没有质疑他贪图机车这种片刻的欢愉，因为隔三岔五从朋友圈看到他带着女友骑在摩托车上的灿烂笑容，我知道他的灵魂一定是充实的。郭德纲曾经向游本昌请教，自己这么胖可以演济公吗，老爷子笑眯眯地说，菩萨是无相的。热爱也一样，本无定义，所以别被世俗限制，做遵从自己内心的事，就是热爱。

热爱不该仅仅求回报

有一点我从未质疑过，**热爱从来不是用结果衡量，而是用价值来衡量**。我们通常习惯于用结果来衡量一切，就像我们评价工作的成功与否，往往基于我们得到的薪水和职位；我们评价一段恋爱关系的成功与否，往往看他们最后是否修成正果，是否走进婚姻殿堂。如果仔细观察，你会发现每年高考志愿填报时，有关兴趣和专业的话题一定会冲上热搜：我喜欢文科，但家里人觉得理科更好找工作，我该怎么办？新闻与传播专业真的就业前景很差吗？我所学的专业是法律，但学法律到底有没有前途？很多人在评价自己是否热爱某件事情时，总会把结果当成首要的评价要素。

但热爱这件小事，结果并非唯一的标准。一个人可能热爱写作，尽管他的作品从未被出版，另一个人可能热爱绘画，即使他的画作从未在画廊展出，我想他们继续创作的原因，不是外在的认可或回报，而是在这个过程中，收获了内在的价值，也许是源自表达自己的独特视角，也许是源于通过艺术来探索和理解整个世界。

评价热爱，不应该仅仅基于它带来的外在回报。相反，我们应该问自己：这件事是否触动了我们的内心？是否让我们感到精神上的丰富和充实？是否与我们的社会主义核心价值观相契合？换言之，我们应该问自己：如果这件事不会给我带来任何回报，那做这件事本身能不能带给我价值？如果你的答案是肯定的，那这一定是你热爱的事情。

一个做社会活动的朋友说，他的工作纯属义务劳动，没有人发工资，而且时刻面临着各种挑战和反对的声音，但他已坚守了数十年，因为他看重的是更深远的社会价值，做这件事情本身，他就觉得自己离公平和正义又近了一步。就我自己而言，选择成为一名讲师并不比单纯地做一名"网红"轻松，我坚持的理由并非在于短期内它能带给我多少收益，而是教育的长远价值，看到学生的成长和发展，看到自己可以帮助他们走上更高的人生阶段，这种价值感远远超出任何外在所能带来的力量。热爱，可能不会总是带来财富或名誉，但它可以带给我们内心的丰富和满足。

别让热爱成为道德绑架

不知道何时起，热爱这个词已经不仅仅是一种单纯的赞扬，更多地变成了道德绑架的绳索和标榜自己的筹码。"你居然没有热爱的事情？那你太可悲了！"很多人甚至把一份无奈做了十几年的工作美化成热爱，并大谈热爱的力量，以此向年轻的晚生们宣示吃苦耐劳；很多既得利益者坐在通往远方的火车上吃着火锅唱着歌，却高高在上地指责普通人眼里只有老婆孩子热炕头。可是他们却忽视了，很多普通人，原本就没有热爱。

其实在写这一章的时候，我采访了很多朋友，询问他们的热爱以激发灵感，其中一个律师朋友是这么说的："哪有什么热爱。从小到大都是按部就班地学习，然后毕业工作，学生时期为了学习而学习，毕业后为了工作而工作，没有一技之长，也没有什么兴趣爱好。哦，起初好像也是有热爱的，后来为了生存把爱好丢一边了，可现在生存也费劲了，就想不起来最初的爱好了。"电话这头的我沉默了好久，最后我只能安慰他："停下来看看蓝天白云，也是一种热爱。热爱生活，热爱自己。"

我们可以因为找到自己真正的热爱而欢呼雀跃，但永远不要仗着自己的优越去嘲笑别人的蝇营狗苟，他们不是没有热爱，只是生活，弄丢了他们的热爱。

我也是芸芸众生中的一员，我从不敢大谈热爱，就像我从不大谈梦想一样，尤其是对职业。和大家聊热爱这个话题我好像没有什么资格，从 2014 年本科毕业到现在，在我短暂的职业生涯中，我已经换了三份工作：销售、律师、老师。很多人会觉得，频繁地更换赛道表明对职业没有敬畏、没有热爱，所以对于现在的工作，我不敢吹嘘我有多热爱，因为我也不能保证我会一辈子从事，也许将来有一天机会来临时，保不齐我会成为一个创业者呢？

热爱，越是挂在嘴头，越容易成为很多人下不来的高台、脱不下的孔乙己的长衫。所以相比于热爱，我更愿意将其表述为对于职业的责任。人生最圆满的状态一定是热爱和职业的高度结合，但显然好运不会降临在每个人身上，当热爱和职业并不完美统一时，责任是个人对职业最好的诠释，因为热爱只是一种应然，而责任，是实然。以前做律师，我尽职尽忠地处理好每一起老板交代的案件，我对得起客户，对得起老板。现在做老师，我写好我的每一本讲义，上好我的每一堂课，我对得起每一个信任我的学生，对得起我拿的每一分钱。

热爱有万钧之力，责任同样有万钧之力，无数次熬夜加班，无数个宵衣旰食，我顶着无数的质疑和嘲讽，终于站在了属于自己的舞台上。现在我做老师已经一年有余，质疑的声音越来越少，也慢慢在这行取得了一席之地。前两天考研结束，很多学生发来私信，感谢这一年的陪伴和指引，说实话看得我热泪盈眶，这是责任的力量，也是责任的回馈。尽量少谈热爱吧，多谈谈责任，在其位谋其职，也并非易事。

其实，有没有热爱的事情不重要，重要的是把你正在做的每一件事，做好。

你有自己热爱的事情吗？

"赚钱"是
重要的过程

2023年初，一篇关于我已经年薪300万元的帖子在某公众号获得了10万+的阅读量，很多朋友纷纷给我打来电话，祝贺我实现了财富自由。我对每一个朋友都澄清事实，也许是我当时的表述让记者产生了误解，年薪300万元只是我的目标，现在还在奋斗的道路上。

缺过钱的人，才知道钱的重要

和大部分人不一样，我从来不掩饰我对金钱的渴望。也许是从小过惯了苦日子，体会过奶奶为了几块钱而四处求人，爷爷为了给家庭减轻负担而放弃继续化疗，自己为了2600元的驾照学费而到处找亲戚筹钱，我一直都把赚钱当作很重要的目标之一。只有真正缺过钱的人才深刻知道钱的重要性。

很多时候，我真的特别羡慕家境优渥的孩子。我并非羡慕他们家财万贯，而是羡慕在金钱的支撑下，他们的自由。金钱带给我们的最大价值从来不是物质层面的富裕，而是赋予我们更多的选择自由权，从而让我们更自如地掌控自己的人生，而不至于被迫接受我们不愿意接受的。

在南京授课期间，我遇到了一位司机，在送我前往中山陵的路上，我们聊了一路。在失业之前他是两家火锅店的老板，风光无限。但是新冠肺炎疫情那三年，他先后关掉了海南和无锡的门店，负债近50万元。为了还债，他不得不离开原来的朋友圈，一个人在南京租了一间民房，跑起了滴滴。他每个月可以存下近一万元，预计还有三年可以还掉所有的负债，但是这三年他的人生不得不局限在这六七平方米的狭小空间里，他说自己没有朋友、没有社交，他甚至都不能自由地控制吃饭、上卫生间以及和老婆孩子视频的时间，他坐到车里的第一秒就知道自己什么时候下班，他打开接单软件的第一分钟就知道自己未来三年的人生。

他叹了一口气："如果我有50万元存款，不要太多，就50万元，也许我就有更多的缓冲时间，也许我就可以有更多的选择，也许就可以东山再起，但现在我不敢。"

每一个人都是这位司机。很多农村孩子很早就背井离乡，不是因为他们不知道读书改变命运，而是因为在读书和活着之间，他们只能选择活着；很多高学历人才去送外卖，并非他们没有梦想，他们也想写一首诗、谱一首曲，但当生存压力袭来，他们只能选择风里来、雨里去。缺钱，最大的痛苦从来不是住不进大房子，买不起名牌包包，而是抗风险能力降低导致的被迫选择——我们失去了对自己人生的掌控。

父亲现在时常念叨，自己千万不能生病，他害怕好不容易看到曙光的家庭会一病返贫，从而拖垮我的人生，这是每一个农村家庭潜在的悲剧，但我想，这也是我们赚钱的意义。8年前我边工作边复习，更多的是一种无奈；2年前我可以忍受一年没有工作专心写一本书，不是因为我有多高尚，只是金钱让我有了主动权,我可以选择自己想要的人生。

因为赚钱而选择职业,卑劣吗

在 2021 年那档节目的面试现场,我毫不掩饰地说"我是因为律师的社会地位高才学习法律",我从不觉得因为赚钱而选择一门职业有多卑劣,事实上这原本就是很多普通人最真实的动机。我很认真地对待这场面试,我从来都觉得面试应该真诚,面试本质上是一场相亲,婚前的伪装总归会在婚后暴露无遗,与其后面不欢而散,不如在一开始就摊在台面上,无论是理想的还是现实的。但面试官眼里充满了惊讶,网友也震惊于我的赤裸裸,我也因此上了我人生中的第一个热搜。

我们经常会讨论理想和现实的关系,我发现社会似乎更喜欢理想主义者,尽管大部分人本质上是现实主义者。以法律行业为例,所有的法学生都绕不过一个灵魂考问:你为什么要学法律?我发现不管在什么场合,只要振臂高呼,我是为了实现社会主义法治梦想而来,总能收获一片掌声,而一旦听到和现实相关的答案,大家都倾向于眉头紧锁,似乎回答者身上沾满了铜臭味。

对于这样的怪异事实，我也很惊讶，惊讶于整个社会的形而上，真正的梦想难道不是应该深埋在心中吗？也许我们从不提梦想，但并不代表没有梦想，而是因为梦想过于沉甸甸，但很多人习惯用嘴掂量而不是用心丈量。这些年的工作经历也让我逐渐看到了一个事实，很多人的人生其实就是一场秀，一场真人秀，做得漂亮永远不如说得漂亮。梦想，是迎合普世价值的，是讨好网友的说辞，我们不接受一个默默无闻的实干家，但是支持一个善于营销的雄辩家，就像PPT，讲得好永远比事情做得好更容易讨领导欢心。

威尔·杜兰特在《哲学的故事》中评价培根时说：他简明扼要、语言生动，是一位不使计谋的雄辩家。

后来有行业前辈点拨我，说我犯了大忌，这是一个任何行业都不能触碰的潜规则——你可以为了赚钱学法律，你可以为了赚钱去做任何事，但你不能说出来。你要说情怀，说理想，说为了奉献社会，大家爱听。也许这就是人情世故，也许这就是成熟理性，我并非后知后觉，但高尚是高尚者的墓志铭，卑鄙是卑鄙者的通行证。社会永远告诉我们要为理想奉献，但很少有人告诉我们也要为了自己的幸福而奋斗，现实从来都是实现理想的基础，若个人尚在苦苦挣扎，又何谈为梦想做贡献？

个人和家庭，永远是社会的基本组成单位，所以古人才会说修身养性、齐家治国平天下。每次去各校法学院演讲，我都会问同学们到底为何而学法律，在"金钱"和"梦想"两个选项中，前者的举手率远远超过后者。其实，无论因为什么动机学习法律（或者做任何一件事），高尚的、卑劣的，理想的、现实的，搬得上、搬不上台面的，都不重要，我们尽可以大大方方地承认，真正重要的是，我们此时此刻，正走在法律的道路上。

法治理想乃至任何一个理想，从来不是一句口号，而是身体力行。做律师解决好每一个当事人的问题，做法官公平公正审理好每一起案件，做检察官认真对待每一份证据材料，我们就在为法治建设贡献力量，即使我们从不宣称。当然，理想和现实从来都不冲突，即使我们只是把法律当成谋生的工具，但做好自己手头的每一件事，挣到该挣的钱，过好自己生活的同时，其实就是在为法治理想添砖加瓦。

理想在现实的每个细节中，积跬步，至千里。其实马克思和恩格斯早就告诉我们，经济基础决定上层建筑，现实永远是实现梦想的基础。梦想成为医生，需要长时间的教育和培训；梦想创业，需要初期的市场调研和后期的产品开发、推广；即使是马斯克，为了实现个人对航天和清洁能源的梦想，而创办 SpaceX 和 Tesla；社会主义为了实现全民小康，也都离不开金钱的支持。

金钱是手段，不是目的

永远不要低估金钱的作用。保持对金钱的渴望，是推动我们前行的重要动力。不管我们愿不愿意承认，社会普遍的见解是：评价一个人的成功与否，往往根据财富的多少，体会过人情冷暖的也许更能明白什么是"穷在闹市无人问，富在深山有远亲"。

一百个人有九十九个人会告诉我们要追求内心和精神的富足，对此我从不质疑，这也是我正在努力尝试达到的境界，但世界终究是浮躁占据上风，很少有人真正能够一辈子忍受贫寒，最后走出大山的那一个往往也是最需要钱的，赚钱，确实是人生的助推剂。值得注意的是，这种动力的本质并非简单的贪婪或物质欲望，而是对更好生活的追求，更是实现自我价值和社会认可的渠道。

走出大山的孩子也许成不了世界首富，但当他和过去糟糕的生活说再见时，我们都会承认他的了不起；我想实现300万元的年薪，在意的并非那串数字，而是更多的收入可以给自己和家人带来更多的保障，以此对抗这个世界的不确定性。而更高的收入意味着我们需要在职业道路上付出比现在更多的努力，它激发了我们的积极性，更是对我们努力的肯定性，这种肯定再次使我们更有动力去追求卓越，不断提升自己的能力和价值，一个正向循环由此便产生了。

从这个层面来说，金钱不是最终的目的，而是手段。与其说是对金钱的渴望让我们进步，不如说是对美好生活的向往推动我们在进步，只不过金钱是实现美好生活的必要手段而已。**我们应该区分清楚金钱本身和金钱对人生的意义**。单纯追求金钱本身的人容易陷入一个误区：钱是万能的，从而否定个人的努力、创造力、毅力、热情等对人生的贡献。艺术家创作出感人肺腑的作品，科学家在研究中取得突破，虽然需要一定的资金支持，但更多的是依靠个人的才华和努力。

单纯追求金钱本身极容易导致拜金主义，只有 100 万元的收入却买 200 万元的车，在乎的并非代步功能，而是别人艳羡的目光；5000 元的工资却消费 2 万元的奢侈品，看重的永远不是实用性，而是缥缈的虚荣。我并非不赞成高端消费，只是不赞成和自己实力相差悬殊的高消费，这使我们沦为金钱的附庸，完全被金钱所支配。也许有人会说，这就是我追求的美好生活，但想想自己是否从此被贷款扼住了命运的喉咙？戴着枷锁跳舞的人，其实不是舞者，只是生活的囚徒。无论我们如何替自己辩解，寻求行为的合理性，我们都弄错了金钱本身和金钱带给我们的意义。

人对钱的态度，决定了人生态度

如果我们能够正确区分两者，我们会走得更踏实，也更从容。视金钱为上帝的人往往会为了金钱不择手段，但追求美好生活的人，绝不会本末倒置，因为我们清楚地知道哪些能做，哪些不能为。

我的一个朋友在疫情防控期间成立了一家法律服务公司，专注于债务减免。三个人通过电话销售的方式每个月可以为公司带来逾 50 万元的流水，这确实是一个不错的业务，但前期承诺三个月帮助负债者停息挂账、减免本金的服务根本无法实现，这不过是对那些可怜人的再一次残忍收割。朋友最终关掉了这个业务，并把所有的钱如数奉还，良知让他审慎。

一个人对金钱的态度，决定了他的人生态度。我也爱财，我虽不是君子，但我一直以君子为榜样，就我自己而言，我的取财之道是：我希望自己挣的每一分钱都对得起为此买单的人。关于这本书，我也可以写出几万字不痛不痒的鸡汤。但我不想看到大家满怀期待地翻开这本书，最后却对本书失望，白白浪费了时间和金钱，所以我希望自己可以站在普通人的视角写出一点有启发性的东西，哪怕给到人家一些力量和激励，对我而言，也是心安的。

我不想贴金说我不在乎稿费，毫无疑问我肯定想挣这个钱，不然我不会牺牲大量的休息时间写下这么多文字，但我不能没有下限。尽管创作的过程是痛苦的，我绞尽脑汁，使出了我的毕生所学，但我还是希望我挣钱的同时，你能有所收获。

降低欲望，做金钱的主人

每个人都想赚取更多的金钱，我想此点没有人会否认。我不是经济学家，讲不出高深莫测的经济学原理，我也没有真正地创过业，无法教大家如何获取超额利润，但从我走过的路来看，作为普通人，想要获得更高收入的方法只有一条路，让自己变得更有价值。

一位创业成功的前辈曾告诉我，做企业不要只盯着钱，多想想自己可以为社会提供什么，当你专注于价值的时候，钱自然就会来。这句话对个人而言，同样适用。工作的本质无非是价值交换，用时间交换金钱，用创意交换金钱，用劳动交换金钱，它们都有一个共同的母亲，就是价值——你能给我创造多少价值，我就给你多少钱。

我从曾经的月薪 6000 元到现在网传的年薪百万元，我相信收入的增加不是因为我的年龄增长了，而是我的自我价值增长了，这种价值来自学历提升、专业能力提升、流量、招来更多的学生等各种因素的综合。我相信你愿意花钱买这本书，并不仅仅是对我这个人有崇拜，而是你觉得这本书本身也有价值。

每一份商品都有价格，每一个人也不例外，当我们走进职场的第一天，我们就已经被明码标价了，你的毕业院校、专业背景、社会资源、还有你的表达，甚至你的地域，但经济学原理告诉我们，价格总是围绕价值上下波动，除了极个别条件我们无法改变外，大部分的价值要素是可创造的，也许我们应该把目光从价格和金钱本身挪开，更多地去关注底层逻辑，价值上去了，那条价格曲线自然水涨船高。

2023 年最后一次面授课上，一个同学问我：老师，以你现在的收入，你怎么还住在一个小房子里？他从网上看到媒体拍摄的纪录片，探知到我的居住环境，与他想象的相去甚远，他觉得我应该租一个大别墅。原因之一可能是我并没有很高的收入，尽管比以前好了很多，但在北京依然属于生存线上挣扎的那批人。

但其实,是我一直在控制自己的欲望。说来惭愧,我至今没有给自己买过任何一件奢侈品,我最贵的东西是一块价值一万多元的浪琴手表,已经戴了两年,即使按照年收入20%的消支比例来计算,我完全有能力负担一块十万元的手表而不影响生活质量,但并无必要,因为一万多元的机械表本身不差,也不影响看时间;我出行时大多选择地铁而非打车,因为在地铁上我反而更能悠闲地看完50页电子书;我也可以花月租几万元的价格搬进更大的房子,但家的意义从来不在于大小,而在于人,60平方米的小房子一样能让人感到温馨。

很多人时常觉得自己的人生是痛苦的,买不起名牌,开不起豪车,住不进豪宅,自己的收入永远负担不起自己的期望。也许我们应该警惕消费陷阱,痛苦的本质往往来源于欲望的不满足,就像叔本华所说:"生命是一团欲望,欲望不能满足便痛苦,满足便无聊,人生就在痛苦和无聊之间摇摆。"既是如此,消除痛苦最好的方式或许就是控制自己那些不切实际的欲望。朋友说他想把自己的奥迪A4换成保时捷帕拉梅拉，正为差的 30 万元而苦恼，但他不知道的是，如果没有这个欲望，他现在有大几十万元的盈余，他可以从容地做他想做的一切事，而不是焦头烂额，四处筹款。

我们时常自嘲"有钱人的快乐你想象不到"，我们总认为只有拥有足够的财富才能获得快乐，但显然财富是无穷无尽的，我们永远攫取不到所有的财富，我们唯一能做的且即时见效的就是，控制好自己的欲望。试着把自己的欲望降低一点，你会发现快乐其实就在身边，并且你会感恩你所拥有的一切。

孔子在《大学》里说："仁者以财发身，不仁者以身发财。"意思是说仁者利用财富达到自己的理想，不仁者以自己作为获取财富的工具。我想每个人都应该成为自己的仁者，做金钱的主人，而非金钱的奴隶。

04

你就是你,没有任何标签能定义

"二本"之光，
各有各的耀眼

2014年春天，我带着厚厚的一沓简历，从常熟坐了一个小时的车去往苏州的春招会，希望能够在这个面向全省甚至全国的招聘会上遇到我的伯乐。上午八点多我到达现场，在几乎所有招聘单位的摊位前都毕恭毕敬地递出了自己的简历，但是直到下午六点多招聘会零零散散剩下不多的用人单位，我也没有收到一次面试的邀请。回去的路上，我把剩余的简历全部丢进了路边的垃圾桶，感慨自己的怀才不遇，又愤怒于自己的二本学历，我第一次知道了"学历"的重要性。7年后，当我首次出现在公众平台，就引发了一次关于"二本第一学历"的大讨论。

二本歧视无处不在（不仅仅是二本，包括大专以及双非院校，请允许我用"二本"指称）。尽管企业自己也不太愿意使用"歧视"这个字眼，通常用各种模糊的概念指代，二本学生自己也不太愿意承认自己遭遇了歧视，但这就是现实。

我们经常会讨论"学历和能力到底哪个更重要"的问题，有人觉得能力更重要，有人觉得学历更重要，大家都站在自己的经验和立场上喋喋不休，但是在素质教育基本普及的情况下，我们承认能力的重要性，但毫无疑问无法忽视学历的巨大影响。学历和能力同样重要，只是侧重于不同的方面。

在进入一个平台之前，作为敲门砖，一定是学历更重要。我在一次录制综艺节目的过程中，认识了一位世界500强的资深HR，回家的路上我问她：贵公司在招聘人才的时候会卡二本学历吗？她告诉我不会。我又问她：贵公司二本学历的比例是多少？她有点诧异，顿了顿后说：几乎没有。我相信她是善意的，因为提问的人恰好是一名二本学生，无论是为了维护企业形象，还是照顾提问者的自尊，这个回答一定是完美的,但是实际用人比例已经揭示了真相。企业尤其是一流企业,以第一学历作为筛选人才的标准从来都无可厚非。另一位做人资的朋友说:"招聘季每天都会收到成百上千封简历,我们当然要优中择优,直接看第一学历,既可以提高筛选效率,也可以降低容错成本。从概率上来说,高学历往往代表着能力强,不可否认二本院校里也有能力强的学生,但犯不着从沙子里面筛金子。"相比于善意的谎言,我更相信这代表了大多企业的真实想法。社会对二本学生并非包容,我们普遍倾向于认为985学生的能力要远远高于普通院校,我们甚至会认为普通院校的985研究生依然弱于985的本科生。"第一学历终生论"横行于世道,似乎高考失利的人永远就应该被钉在"二本学历"的耻辱柱上。我并不想呼吁社会改变这种看法,毕竟这种观念根深蒂固,但作为二本这个群体,我们自己依然要相信我们并非完全没有机会。

二本学生有自己的光彩

每个二本学生其实都是自己人生故事里的主角。我之前去贵州一所大专院校做过一次演讲,演讲结束后在食堂吃饭时，有个女生一直坐在对面远远看着我，过了好久她终于鼓足了勇气向我走了过来。她给我讲述了自己的故事。她在贵州一个偏远的山区长大，父亲很早就去世了，母亲改嫁，留下她和年幼的弟弟与年迈的奶奶相依为命。她很早就承担起了照顾家庭的重任，一边上学一边和命运抗争，但高考她失利了，她的分数只够上大专，高昂的学费让她望而却步。她选择放弃这次机会，到贵阳找了一份服务员的工作，边存钱边看书。她给我看了自己手上割腕留下的痕迹，我不知道她是怎样熬过人生中那段时光的，但两年后她还是再次回到学校，考到了这里。她说这已经是她为自己人生能尽到的最大努力了，她说生活很难，但是她还要继续往前走。我相信她经历了千辛万苦才走到这里，但很多人往往仅凭她的大专学历，就轻易地否定她所有的努力。

社会总是认为第一学历不好的往往是由于前面 18 年的不努力，这样的情况绝对存在，我似乎就是一个很好的例证，但若考上 985 的人以此标榜自己比二本学生更努力，而闭口不谈原生家庭、运气和地域的成分，并非客观。也许有人会说，三代人总有一代人要努力，父债子还，似乎天经地义，但上帝的归上帝，恺撒的归恺撒。提出此点并非怨天尤人，我只是想告诉每一个二本学生，无论这个社会有多不公，你都要知道你能站到这里就已经很了不起了，你历经千险、排除万难，你就是自己人生故事里的英雄！

这个女生的故事也许代表不了所有二本学生的原生家庭，但我认识的大部分二本学生的家庭，都是普通的工薪阶层，他们并没有被家庭和二本学历所限制，和那些有背景、有资源的人相比，他们也实现了蜕变。无论这个社会对我们提出了怎么样的条条框框，请永远不要妄自菲薄。

我们必须承认自己和优秀者之间的差距。千万不要认为富裕家庭的孩子都是纨绔子弟，吃喝嫖赌败掉三代祖业的故事毕竟是少数，可怕的真相是比你优秀的人，还比你努力。有句俗语叫作穷人的孩子早当家，我一直不认可这句话。穷人的孩子很难早当家，没有良好的背景和教育环境，穷人的孩子只不过是过早地承担起了家庭的责任而已，相反，富裕家庭的孩子基于充分的物质环境，很早就打开格局并且明白了社会运行的底层规律，他们更早地垄断了社会资源并占据了有利位置，就像滚雪球一样，这也是普通人上升通道越来越少的原因之一。

我认识的一名律师朋友很早就给他的后代规划好了路线——从小就读于国际学校,培养语言优势,避开竞争较大的高考,进入外国名校的机会远远高于普通家庭的孩子。更重要的是,人脉和资源也从娃娃就开始积累。抛开认知和视野不谈,单就以后的教育费用,是多少普通家庭一辈子难以企及的高度!这些年我也见了不少985院校毕业以及海归的学生,他们往往更自律,更有想法,也更勤奋,我们要正视自己和别人的差距。

承认自己和优秀的人之间确实存在差距,但我们一定要明白这种差距一定不是智力上的区别。在我看来,排除极个别天赋异禀的人(事实上,真正天赋异禀的人也不会和我们在同一个竞争赛道),二本学生和985的学生在智力上没有本质差异。很多人会把自己失败的原因归结于智商不如别人,这是纯粹的借口,社会最大的不公平是背景的不公平,智力反而是最小的差距,若能明白这一点,即使改变不了父辈的积累,但永远比别人努力一点,在个人能力上我们并非绝对处于弱势地位。

虽然在进入一个平台之前一定是学历更重要,我也承认现实情况是，如果没有学历，我们甚至没有机会和985的学生同台竞争，互掰手腕，但若某种机缘巧合，我们获得了这样的机会，我们如何能保证自己立于不败之地呢？进入平台之后，拼得更多的是能力，而能力是可以通过努力习得并提升的。和精英们遍地的机会不同，我想每个二本学生都要为任何一丝获取机会的可能性做好准备。也许有人说我狂妄自大，但我从不认为自己技不如人，我的学历也许较低，但我一直相信我的能力并不弱于任何人，最好的例证是现在一个二本毕业的非法本学生，一样也能培训考研，我的学生中不乏来自985、211的。学历可能导致偏见，但努力一定不会招致歧视，社会可能存在不公，但奋斗面前，人人平等。

尽管第一学历永远为二本学生打上了不可磨灭的烙印，但这从不妨碍我们继续提升学历。经验告诉我，任何时候提升学历一定没有错。当然，提升学历肯定不是唯一的通道，但和创业、机会、贵人相助这些小概率事件相比，提升学历也许是我们为数不多的可以掌控且能够实现的事情。我们都听过一个理论：木桶理论——一个木桶能装多少水，取决于最短的那根板子，而不是最长的。这句话若是放在高考之前，一切未竟，我一定大肆宣扬，我希望每一位学子都能够在这场相对公平公正的考试中取得最好结果，好让自己未来的路走得更轻松一点，但对于所有的二本学生而言，这个理论无疑是负面的、消极的。不少早早放弃希望的二本学生甚至以此为自己的行动逻辑和理论支撑，但我亲自做过实验，我惊讶地发现，一个木桶能装多少水，从来不是取决于最短的那块板子，而是最长的，只要你把这个木桶稍微倾斜一下。事实上，若你的板子足够长，你能装的水是无限的。

表弟（姨妈家的表弟）的故事被我讲过很多次了，之所以不厌其烦地讲，是因为他能代表我们当中的大多数。表弟和我一样，出身寒门，高考勉强考进了本地一所大专，按照第一学历决定论，他的人生好像已经定型了。但表弟没有放弃，专升本到了三江学院，再顽强地考进了华东师范大学，成了那年为数不多的"底子太差"的研究生。表弟现在的年薪已经超越大部分工薪阶层了。从大专到三本，从三本到985，从985到国内顶级互联网大厂，很多人说我是逆袭的代表，但和表弟相比，我多少相形见绌了。

也许有人会反驳，表弟的专业是计算机，计算机更看重能力，而非学历，这种反驳恰恰证明了在某些场合，第一学历并非决定性的。但我也问过表弟,他说如果没有华师的硕士学历,他就不会这么快拿到大厂的offer。我们刑法中有个概念叫"举轻以明重",轻的都能构成犯罪,比此更重的行为更应该构成犯罪,也许我们可以把这个逻辑运用到自己的人生上,表弟是大专学历,尚能逆袭,你是二本、一本甚至是211,没有理由比表弟差。

在法律这个圈子中,我最尊敬的学者之一是北京大学的车浩教授,青岛理工大学的机械系,双非院校的非法本,后来考进了北大法学院,攻读硕士和博士,如今在学术界熠熠生辉,车教授的故事也许更能激励所有普本的学生——生命不止,奋斗不息。我以前曾笃信"一流的本科、二流的硕士、三流的博士",但当身边有了很多博士朋友时,我才发现这句话的唯一价值就是用来强调第一学历的重要性,但凡真正能走到博士这一步的,都会将此视为谬误。

每一段经历都不应该被忘记

曾经我也为二本学历感到自卑,但现在我为母校感到骄傲。以前刚毕业的时候,别人问我是哪个学校毕业的,我一般说自己是苏州某大学毕业，但是我从来不会说自己来自常熟理工学院，二本情结会让我难为情，说出去似乎会降低我在别人心目中的形象和地位。我遇到过很多三本甚至是大专毕业的同学，很多人似乎也有这种顾虑，刻意的回避总是多于大方的承认。但是随着年龄的增长，我才发现这是一种多么幼稚、可笑的行为。其实母校对我们而言，就像我们的老父亲一样，父亲能给到我们的一定是他所拥有的一切，我们不能苛责父亲，更重要的是，我们不能把自己的不努力归结于老父亲不能给自己提供平台，别忘了，不是母校先选择了我们，而是我们先选择了母校。

社会总在提倡要站在巨人的肩膀上，才能站得更高，看得更远，但请永远记得，当年若没有母校的接纳，没有母校把我们从泥土中扶起来，我们也许连巨人的脚后跟都摸不着，巨人的肩膀只能叫肩膀，而母校的肩膀叫港湾，母校才是我们的第一位巨人。现在常熟理工对我而言，就是我身下的那根线，风筝飞得再高，这根线会一直在，一直在牵引着我，一直在指引着我，我永远不会忘记常熟理工对我的意义，它是我来时的路，也是我梦想开始的地方，是我出发的地方。

所谓的第一学历论,不过是既得利益者希望可以躺在那些功劳簿上坐享其成一辈子,他们设置了某些标准以此降低竞争压力,后面有人迎头赶上,他们便会拼命污名化,试图以一次失利否定你的整个人生。**但你自己要永远相信:英雄不问出处,若你还不是英雄,那就努力成为英雄。**

强求认同，
不如精进自己

　　来到北京，在之前的人生历程中原本是没有计划的，自然也不会有什么憧憬和期待。不过随着后来日渐清晰的职业规划，来到北京，似乎也算不上什么机缘巧合了。刚来到厚大的时候，公司还没搬家，在苏州街那一片，身边最能侃的北京大哥拉着我指向公司南边一大片砖红色的矮楼说："看见这一片没有？中国人民大学！"我寻思着，人大的确是最棒的985之一，也是法学专业的最高学府之一，他又自顾自地继续道："全国50%的最牛的教育资源都在以人民大学为圆心，五公里为半径这个圈子里！"说到这儿我才明白，他是想和我炫耀——你看咱公司厉害吧，开在全国教育资源最集中的地方。转念一想，我想要做法律教育培训，来到这个城市似乎也算得上是某种程度的命中注定了。

找到自己与新环境的契合点

北京是个有趣的城市，当然北京的人也很有趣。刚到北京的时候，我也是考虑到前述原因，把房子租在了北京教育资源最集中也是教育培训企业最集中的海淀区，后来发现，初来乍到还是过于草率——海淀区实在太大了！和租房中介介绍的不同，住的地方距离海淀区真正的核心区域还有好几公里。

大部分初来的"北漂一族"对这个城市的第一印象估计和我相差无几——北京真大啊！不过和地理意义上的大不一样的是，我觉得北京的大在于它包容了形形色色的人、群体和文化。当然，北京也和大部分的城市一样，有包容的一面就有排外的一面，互联网上那些操着一股子京味儿宣扬着"老北京早上起来怎么着怎么着的"也许代表不了北京，但是任何一个想把生活在这里铺展开来的年轻人，或者说任何一个想要融入这个城市的年轻人，一定会真真切切地感受到这个城市里仿佛离心与向心一样的两股方向相反、大致相等的力量之间的撕扯。

北京的有趣之处还在于它的那一份离心力不是通过口音、居所之类一眼就看得到的要素。北京的离心力是来自"本地亚文化"的隔离,也是认知的隔离。

记得一次临近春节的饭局上,席间一位北京大哥高谈阔论道:"还是过年好啊,过年算是把北京从外地人手里还给咱北京人了!"席间的我本能地想要反击"哪个城市会没有输入人口呢?"后来想想作罢,因为看到同桌的几个男男女女,本是在平时完全不会提及这些观点的人,此时却纷纷点头称是。这种亚文化似乎是一种关于"现在的北京已经变味儿了""还是小时候的北京好"这样的所谓"老北京"文化。我一个南方北上的外来户是断然不可能参与进去的,甚至我可能就是他们口中这种亚文化凋零的始作俑者,说得直白点,我是那个毁了"老北京"的外地人之一。在这种亚文化的进一步发酵之下,生活中自然也接触过一些带着排外情绪的本地人,但是以我的个人经历而言,这部分人是少数。

北京的有趣之处三在于它的向心力既不是高楼大厦也不是市井巷陌，是两者的结合，形成了一种奇怪的、高大上的市井感。在我看来，北京的高大上绝不是机关部委大院的森严，或CBD的鳞次栉比，反而经常在那些最不起眼的地方，突然就把氛围和意趣拉到了完全令人咋舌的高度。

第一次在北京坐出租车，司机听说我不是本地人的那一刻，仿佛话匣子就打开了，他看我望着窗外的城楼出神，立刻说："兄弟，这你得听我说，这个德胜门啊，是以前出兵打仗的地方，现在留下来这个楼啊，是箭楼，你看上面那么多窟窿眼儿没有，不是透气儿的啊，射箭的！为什么叫德胜门啊，寓意出征打仗——得胜归来啊是不是。哎你看前面咱就到了，是安定门桥，这安定门就是打仗回来的地方了……哎前面雍和宫了，雍正！四爷知道吧！没当皇上的时候……"热情到我插不上话，甚至不想插话打断的程度。我也是万万没想到，来了北京的第一堂历史文化课，是一个"北京的哥"给我上的，这一刻我感到这个城市似乎有点急着把我融入进来。

身边地道的北京朋友会带着我去吃地道的北京小吃，雍和宫旁边的那家北新桥卤煮老店我已经光顾了很多次，一瓶白牛二，一盘炸灌肠，两碗卤煮，几个小菜，我俩能坐到后半夜。朋友说卤煮以前都是挑工、小贩吃的，北京是美食荒漠，要不是皇宫里的厨子都是全国各地招的，皇帝估计也得吃两口下水。这么一说，我估摸着北京人也没吃着什么特别不得了的好东西，内心居然有点同情起我这个朋友来。

后来我渐渐发现，和美食本身相比，这些小饭馆里面的人才是北京的灵魂。他们抬起头来谈国家法治、国际局势、A股走势，头头是道，低下头去，三十多块钱一碗的火烧就着十块钱的花生米也是吃得津津有味。这，可能就是北京最吸引我的地方，有种浸透在骨子里的高大上，却也没飘在空中，而是撂在地上，让人不由得想，那些最引人入胜的景色，其实往往也不一定是"会当凌绝顶，一览众山小"，而可能是"好是日斜风定后，半江红树卖鲈鱼"。

人生的际遇亦是如此，谁能保证自己一定永远会在什么不平凡的位置呢，无论是"居庙堂之高"还是"处江湖之远"，无论是"仰天大笑出门去"，还是"位卑未敢忘忧国"，都只是临时身份而已。所以，我觉得北京的气质和我所追求的生活状态在某种程度上是契合的，当然，这可能也是我某些时候随遇而安的自我安慰。不过话说回来，适应一个地方最好的办法之一，也许就是找到这个地方更多的和自己相契合的特质，哪怕是部分的契合或契合的部分。

　　找到新环境，找到了自己，自然也就能认可我所讲诸多关于北京的事情或多或少都是浮于表面的，或者说是站在一个看客、外来人的角度来表达的。说到底，我到现在也无法确定我是否真的融入了这座城市，直到落笔写这章的时候，我心中才开始认真地审视这个问题和答案。我写这章或者说这一整本书的目的，是想给各位读者单纯地介绍我的个人经历吗？又或者我在某个城市、某个人生阶段或者某个事情之中的经历和故事吗？是，但也绝不止如此，我还是希望能够让您开卷有益，虽然相比于太多优秀的书写者，窘于诠才末学、智识孤陋，总有些无从下笔，但我总还秉持着这一番初心而行文至此。

　　关于北京亦是如此，作为一个才来北京两年的人，我对这里的风土人情知之甚少，北京的文化和历史本也不是我关注和爱好的方面，我写下这章只是想分享一些我最真实的体会——那就是来到大城市打拼的时候,永远不要过于着急地去融入一个城市,圈子、集体、社交,不论是什么,都不要尝试去做"主动融入"这个动作,因为一旦着急尝试,这个动作必将僵硬而滑稽。

"不要急于融入"乍听起来好像是个非常新颖的行动指南,甚至有些叛逆,但不要融入并非自我孤立,而是要先找到自己。越是在一座大城市里,一个人越是容易迷失在高楼大厦、灯红酒绿之间,快节奏的生活、高强度的工作、全覆盖的社交、碎片化的信息,无一不将一个初来乍到手足无措的年轻人填得满满当当,也将少年的自我撕得支离破碎。看似得到很多的同时,却唯独丢了自己。

我们总会回忆起儿时的时光、快乐的玩伴、无忧的少年,但是你有没有想过,其实那个时候的你才是最真的自己,你不会计较别人的眼光,你也无惧那些繁华落尽的寂寞。现在总说一个人有"莫名的少年感",其实无非是他并没有丢失自己,还记得曾经的希冀和追求。越是在陌生的环境和更大的试炼场中,越需要我们守住初心,守住初己。

我见过在表达上急于融入这个城市的年轻人，操着一口不那么地道的北京话，每个词后都要加个儿化音，似乎皇城根下的京腔京韵说得越标准，就越容易被这个城市的圈子所接纳。但北京大哥经常提醒我，老北京话的灵魂是文明礼仪、周到真诚，相比于伪装，真实更受欢迎，同样的场合里，说说自己的家乡话，分享分享老家那些有趣的人和事，没有刻意迎合，你甚至没有在意是不是要融入这群人和这个城市，你是独立而有趣的灵魂，你找到了自己，自然也就能找到爱与认可。

急于向上寻求认同，不如精进自己

我也见过很多想在"消费"方面急于融入这个城市的同龄人，北京的高消费场所总少不了他们的身影，言必提高档会所、定制鞋帽，但在这物欲横流、消费爆炸的时代，真诚的社交之中最不值钱的就是钱能买来的一切东西。花点时间在自己本就擅长的事情上有所精进，你就会有可能接触到圈子里最厉害的那一批人，他们会带给你能量和机遇，那是惺惺相惜，是相见恨晚，是一见如故，在任何地方都是如此，在北京这样卧虎藏龙的大都会更是如此。

诸如此类，不一而足。我来北京至今最难忘的时光，就是我把自己关起来写书的半年，把自己关在录课室里反复打磨自己课程的半年，让我在这个城市不再觉得有任何的疏离感、离心力或者无着的不安。这样的经历最直接的是让我在所有互联网曝光和流量消失之后，仍有安身立命的本钱，也让我结识了这个行业里有着相同理解层次、共同抱负追求、彼此价值认可的朋友和伙伴，这些人之中，有并肩授课的同袍，也有公司同事、友商的同行甚至敬重的师长。

在这段时间之中，即使身处北京最热闹的繁华街道，我也不会去想故乡的遥远、亲人的思念，以及前途如何、房子怎么买。我来这条繁华的街道就是想去街对面买一盒盒饭，从容不迫地吃完，然后回去继续我未竟的事业。

一个职业上升期、一人吃饱全家不饿的年轻人这么说自是无可厚非，但是如果拖家带口、养家糊口可能就是另一番光景。身边几个已经成家的北漂朋友经常感慨完全迷失了自己，生活的重担让他们变成了行尸走肉，世界好像只剩下了一张工位和回到家后已经熟睡的枕边人。不过我想，逻辑上不应该是建立家庭、选择在这座城市安身之后再考虑找到自己，而是应该先找到自己、发现自己，在发现圈子、发现归属之后，再决定在这座城市建立家庭、安顿周全，尤其是在北京这样压力远大于机遇的地方。也许是因为我尚未进入那样一个人生阶段吧，所以可能并不能真切地理解和共情，如有不妥，那这一部分的推演权作瞽言刍议。

一旦你先找到自己，你就会自然而然地找到归属感。在任何一个地方，无论陌生的城市还是熟悉的老巢，任何的归属感都不是也不可能是别人给的：在北京看着马路上呼啸而过的跑车发呆，低头再看看自己的共享单车，你当然觉得北京不是你的，你当然会没有归属感；在北京听人说起某家某人仕途平步青云、官拜将相，想起自己就算在老家也无半个贵戚，你当然觉得北京容不下你施展抱负，你自然不会有归属感；每到月底交完房租后的捉襟见肘，连外卖都要精打细算，你当然觉得这大城市中雨打浮萍般前途黑暗，你自然不会有归属感。

但是，当你找到自己，找到了"不畏浮云遮望眼"的心流状态，继而调动出所有内驱力的时候，你会发现你真的可以融入任何环境之中，你所在之处，就是朋友和伙伴所在之处，就是归属之处，在小城市是这样，在北京、上海这种充满机遇和挑战的"劝业场"，更是这样。

成家立业，
没什么唯一衡量标准

在老一辈的传统观念中，婚姻往往被视为成年人的重要里程碑，和古人十几岁就成家相比，三十岁结婚已经是天大的宽容。和大部分人一样，我每年过年回家也都会被催婚，说得最多的措辞永远都是："你今年已经三十多了，很多比你小的，孩子都会打酱油了！你看看隔壁的二虎，四十岁还没成家，你也要打光棍吗？"仿佛三十岁不结婚就像犯了某种忌讳一样。

我三十了，可以承担婚姻的重担了吗

年龄从来不是婚姻的标准，对于三十多岁还没有结婚这件事，我从不认为是某种失败或者应该觉得可耻。也许是从小家庭生活环境的原因，我对于婚姻并不乐观。我总是想寻求永久的关系，我所期待的婚姻是两个人能够携手相伴走过一生，彼此扶持，给孩子一个幸福美满的家庭。但面对人性的复杂，我清楚地意识到这种概率是极小的，很多人走着走着就散了，很多海誓山盟最后也会变成最无情的刀子，甚至没有一个人敢拍着胸脯保证一辈子对婚姻忠诚，无论是肉体的还是精神的。理想和现实的差距有时候让我痛苦。

同时，我深知自己还没有做好承担起家庭责任的准备。婚姻从来不是两性的结合，也不是单纯的相爱，婚姻是两个人共同对抗生老病死的互助组织，是责任的承担——对配偶的责任、对孩子的责任、对三个家庭的责任。人们总是会先入为主地认为，年龄越大越能承担责任，所以三十岁的人一定做好了准备去接受婚姻的洗礼，但两者从来都不是等量齐观。

年龄大并不代表着成熟，真正让人成熟的是经验和阅历，有人二十岁就学会了担责，而有人即使活了一辈子依然是一把软骨头，懦弱又幼稚。而比结婚本身更重要的是，每一个人在步入婚姻殿堂之前，都应该考虑自己是否已经做好了十足准备去挑起这千斤重担，但年龄焦虑让人草率。很多人会因为父母的催促而感到焦虑，会因为年龄到了，会因为随大流等各种原因而匆匆进入婚姻，我们把所有的因素全都考虑到了，唯独没有想到责任。身边在三十岁甚至二十岁之前就结婚的一些朋友现在已经离婚，有人都已经进入了第二段婚姻，和他们聊天，他们的总结大多是，当年自己明明还是个孩子，却要开始学着做孩子的父亲。没有做好承担责任的准备就去面对责任，这是极其不负责任的。

每个人的成长经历和生活境遇都不同，由此导致婚姻观、责任观的千差万别，就像不同的农作物有不同的成熟季节，任何试图以年龄作为结婚评价标准的尝试，都是非理性的。也许对于婚姻，我们更应该尊重个人选择的自由，是否结婚，以及何时结婚，应该是基于个人意愿和情感状态，而非外界压力或年龄的强制。

承担婚姻的责任从来不是口号,经济原因是每个人都无法回避的现实问题,"一身清贫,怎敢入繁华,两袖清风,怎敢误佳人"也许是越来越多的年轻人晚婚晚育的原因。社会上有种见解是,三十岁就应该有房有车。如果将此当作激励我们前进的某种鞭策,我倒也无话可说,但如果将其作为评价人生成功的标尺则失之偏颇。

"房"永远是压在所有普通家庭身上的一座大山,高昂的房价时常让我们无法喘息,很多人一年的工资甚至无法支付大城市一平方米的价格,这是事实。学历内卷导致就业年龄上升,4年本科,3年硕士,前脚刚走出校门,后脚"三十岁"就已经兵临城下,这也是事实。我本科毕业24岁,硕士毕业时已经29岁,至今买不起房,如果以此为标准,我依然长跪不起,但事实是很少有人不承认我立住了。我相信大部分的人和我一样,都是普通家庭,普通出身,普通的求学经历,做着普通的工作,但即使你已经三十岁,依然无房无车,也不必因为年龄而焦虑,因为比房和车更重要的,是实现经济独立的能力。

尽管我已经具备了经济独立的能力,但我依然不敢结婚。父亲六十多岁了，两鬓斑白，还在做着零工为我攒钱买房，我不愿意父亲掏空家底送我入洞房，也许自己再沉淀两年，父亲的压力就会小一点。亲戚时常说，先成家再立业，两个人一起奋斗会更快。但显然相濡以沫、同甘共苦永远可遇不可求，与其期待让别人为自己的生活买单，不如在还能奋斗的年纪做好一切准备——房、车以及足够应对未来不确定性的一笔存款，这可能需要一些时间，但我相信不会很久。可以预想，今年过年七大姑八大姨又会催促我结婚，父母又会反复念叨，姑妈又会连发十几条催婚的消息，我理解他们，我也清楚地知道我还没有做好充分的准备。

处于事业上升期，要结婚吗

先立业还是先成家？这也是很多人在三十岁这个当口不得不需要考虑的问题。我的境遇让我选择了先立业，但这并不具有任何参考意义，同样完全是个人选择。

野心勃勃之人会觉得婚姻是一种束缚，一位研究生同学说他最后悔的事情就是一毕业就结婚。自己正处于事业的上升期，大量的出差和应酬让他无法在家庭和事业上做到完美的平衡，妻子需要更多的陪伴，而工作占据了他的身体和灵魂，让他频频缺席。无休止的理论和争吵让他身心俱疲，他觉得妻子不理解，妻子觉得他不体谅，所以他坚定地告诉我一定要先立业后成家。不幸的家庭各有各的不幸，而幸福的家庭都一样。

另一个朋友23岁结婚，老婆是高中同学。尽管经历了几年的异地恋，两人还是挺了下来。结婚时彼此都放弃在各自城市谋求更大发展的机会，回到老家县城，组成了家庭。女儿现在已经上小学，家庭和睦，人生美满。虽然在事业上朋友最近这些年也做了不少尝试，做过销售，干过项目经理，开过奶茶店，有些坎坷，但去年终于在二手车交易和租赁上成功"立"住了，夫人也从普通老师做到了小学教导处主任。他从不觉得家庭是一种拖累，限制了自己飞翔的翅膀，相反，爱人的支持让他走得更加坚定，回家后女儿一声声的"爸爸"总是让他一天的疲惫一扫而空，老丈人的关系也让他在当地迅速打开了市场。他说，家庭是他前进最大的动力，也是他最坚强的后盾。立业成家，成家立业，从来都和年龄无关，也和顺序无关。遇知音，先成家，遇贵人，先立业。如果既没有知音，也没有贵人，那就先提升自己。

虽然我选择晚婚，但我并非不婚主义者，我渴望情感的依靠、家庭的温馨，我也渴望成为一名父亲。我无法确定这一天能否在我四十岁之前到来，但可以肯定的是，我又一次挑战了自己"三十"的年龄。身边很多的朋友都已经在三十岁完成了自己人生中最大的跃迁——晋升为父母。每逢大年初一的走家串户，儿时的伙伴都是拖家带口，手上牵着一个，怀里还抱着一个，而我依然是孤家寡人，他们越发热热闹闹，家中越发显得冷清孤寂。父母也总以此为缘由感慨自己何时才能当上爷爷奶奶，并开玩笑似的问我是否为丁克。

当然，我绝非丁克，但在生孩子这件事情上我是相对保守和传统的，就像前面所说，我一直认为真正的死亡从来不是肉体的消灭，而是被遗忘。我经常会设想这样一个场景：若干年后我们灰飞烟灭，一切尘归尘，土归土，生命的延续也在某个节点上戛然而止，这个世界上再也没有人记得你，一切只剩下空洞和虚无。种子在悄悄发芽，树苗在茁壮成长，世界热热闹闹，却再也找不到任何关于我们曾经存在过的痕迹。这多么让人窒息！生孩子最大的意义并不在于期待他能光宗耀祖，完成我们没有完成的梦想，而是在于生命的延续，他们身体里流淌着的血液，是我们曾经来过的证据。

父亲在三十而立的时候生了我，但在那个年代他其实也算是晚育，所以他经常念叨着"早生早得力"，其实说来惭愧，我至今还没有足够的能力让父亲颐养天年，我奋斗的速度仿佛永远赶不上他老去的速度，当然父母的爱永远都是这样，只要他们还干得动，他们就永不停歇，虽然我经常告诉父亲可以完全把奋斗的接力棒交给我，他却总说能多挣一块是一块，但有时看着他略显佝偻的身影，我知道他已经力不从心。"四十岁生孩子，你以后得忙到七老八十，早生早得力！"——父母的唠叨里藏着爱，他们希望我们早结婚早生子，其实是希望我们老了以后，也能轻松点。

我当然能够明白父母的良苦用心，所以在这件事情上我从不争论，也不厌烦，我总是嬉皮笑脸地迎合着父亲的敦促。父亲还是会经常警告我老来得子的弊端，我也为此做好了承担任何后果的准备，但至少目前，和形单影只相比，大胆地追求自己的职业理想更让我感到自由，好在父母也尊重我的生活方式。

结婚生子不是人生的终点

和男性相比,女性在三十岁生孩子这件事情面临更大的压力,一位朋友甚至因此差点和父母决裂。大部分的人,尤其是女性,还是会遵循社会的那套"标准"生活轨迹:完成学业、工作、结婚、生子,这种固定模式并非对所有人都适用,无论是先在职业上确立自我,或者追求更高的教育水平,还是先完成生育目标,这些选择都同样具有价值。更重要的是,并非所有的人都渴望走上传统的婚姻和生育道路,即使选择丁克,也值得尊重和支持。尽管有时候同辈压力会让我感到痛苦,但我一直坚信生育并非终点,它仅仅是一种生活方式,是一个人生阶段而已。**无论二十而育,还是三十,抑或四十,我们都应该学会接受生活的多样性,尊重每个人的选择,给予每个人自己定义和追求幸福的权利。**

三十不焦虑，
你有你的人生节奏

在我参加的为数不多的节目中，三十而立这个话题被讨论过不下三次。

社会的普遍见解是，人一旦到了三十岁，就应该成家立业——买房买车、结婚生子、找到一份体面的工作。社会用三十岁给人生下了很多定义，三十岁还不结婚的，是大龄剩男剩女；三十岁还在找工作的，是大龄求职者；三十岁在事业上还默默无闻的，是大龄啃老族。好像三十岁是所有人的分水岭，三十岁之前人生充满了无限可能性，而三十岁之后，人生只剩下一潭死水。

所有人都知道三十而立这四个字，子曰：吾十有五而志于学，三十而立，四十而不惑，五十而知天命，六十而耳顺，七十而从心所欲，不逾矩。但对于三十而立的"立"究竟是什么，却很少有人说得清。对于"立"，每个人都会有自己的理解，"立"可能是职业上的升迁，可能是创业的成功，也可能是个人成长、家庭幸福或社会贡献。成功的多样性意味着每个人都可以根据自己的价值观和环境来定义自己的"立"。对此我们无须争论，我想甚至可能孔夫子自己当年也未做过明确界定。但重点也许并不在立的内容，而是在"三十"，无论我们立下什么，三十岁都不应当作为限制的标准。

虽然对于三十岁还没有结婚生子这件事情，我能找到说服父亲的理由，但让父亲等太久，我依然感到愧疚。但有一点可以肯定的是，年龄绝不应该作为任何事情的唯一评价标准。事实上，三十而立这种说法在现代社会并没有合适的生存土壤。孔夫子生存的时代距今已有 2500 年，古人平均寿命较短，夫子自己也只讲到七十岁不逾矩，可能他自己也不敢想象能活到八十吧。而现代人的人均寿命大幅提升，若同比例转换，古人的三十而立放到现代恐怕得叫四十而立或者五十而立。智者应该用发展的眼光看问题，而不是刻舟求剑，生搬硬套。

如果非要探知三十而立的内容，成熟的人生观和价值观也许更值得关注。随着年龄的增长，我们看过的书、见过的人、走过的路越来越多，历经人生的风风雨雨，我们的思维和经验都更加独立，我们形成了自己看问题的视角，我们不再被外界的声音、社会的标准所左右，我们知道有所为、有所不为，我们知世故而不世故，我们学会了理解、尊重和共情，这种心理上的成熟和独立，也许才是年龄赋予我们的最大的财富。

每个年龄阶段都可能创造辉煌

年龄，除了对于年龄本身外，从来都不是任何成功的评价因素，不仅仅是房、车、结婚、生子，也包括生命中的一切。三十岁之前取得非凡成就当然值得被肯定，但大器晚成同样应值得被赞扬，仔细观察你会发现很多人在中年甚至晚年也能迸发生命的火花，歌德70多岁才完成了《浮士德》的第二部分，吴承恩82岁才写完《西游记》，刘邦47岁才参加起义，到55岁称帝，从小小的亭长到一国之主，只用了 8 年。不要让年龄定义了你的人生。有时候，历经风浪之后沉淀下来的智慧甚至会让我们走得更快。

很多人会问我，30 岁读研还来得及吗？40 岁创业会不会太晚？看看周围吧，我们生活在一个充满机遇的年代，人生的每个阶段都充满了无限可能，跳槽、转行甚至创业在当下已经成为常态，这意味着"立"不再是一个固定的时刻，不是三十也不是四十，不是任何一个时间节点，它是一个不断发生的过程，**每个年龄阶段，我们都可能创造辉煌。**

其实，每个人的生活节奏和优先顺序都是不同的，用抽象的年龄评价具体的个人不免机械和生硬。有些人可能在年轻时就明确了自己的目标和梦想，而有些人则可能需要更多的时间来探索和确定自己的道路，我找到正确的道路花了 7 年时间，我 29 岁时还在和一群小我七八岁的弟弟妹妹争取一个律所的实习机会，我第二次转行时也已经 31 岁，亲身经历告诉我，年龄，永远只是别人扔出的绊脚石，从不是阻碍自我的拦路虎。你要相信人生就是一场马拉松，有时候快有时候慢，但我们都走在自己的轨道上，没有跑完全程，永远不知道谁是冠军。

多大年纪都不晚，你正当时

在网上看到这么一段话，很是动容："每个人的时区都不一样，纽约比加州早三小时，但它并没有使加州变慢；有人22岁毕业，但直到5年后才找到一份好工作；有人25岁成为首席执行官，但50岁就去世了；有人50岁才成为首席执行官，一直活到90岁；有些人单身，有些人成家，有些人活着，有些人死去。这个世界上的每个人，都有自己的时区。环顾左右，有些人比你早，有些人比你晚，但每个人都按自己的轨迹奔跑，不要嫉妒，不要嘲笑。他们有他们的时区，你有你的时区。生活就是等待合适的机会行动。所以请放松，你既不晚，也不早，正当其时。"

人生的价值和成就从不应被年龄所限制。无论是年轻时的按部就班还是冒险，中年的顺势而为还是转变，晚年的知天命抑或重新启程，每段旅途、每种选择都有不同的花儿，无论在三十岁还是六十岁，甚至更晚，我相信我们都有机会"立"起来。

三十而立？三十而已。

05

说不出的乡愁，
是你前行的灯

我最坚强的至亲

奶奶思考了很长时间,终于决定用30斤小麦从走街串巷的小贩那里换了一箱"小浣熊"方便面,这是9岁的我望眼欲穿了两个月,得到的第一份稀罕零食,也是我一整个冬天的零食。奶奶嘟哝着说:"亏了,亏了。"这笔交易确实没占到任何便宜,我印象中在学校门口的商店里只要花五毛钱就能买上一袋,但遗憾的是,奶奶翻遍家中所有的角落——衣橱深处某件衣服的口袋里、床褥下稻草的缝隙中、米柜上财神爷的佛像下,也没能凑出10块钱。作为农民,粮食可能是家中唯一富足的资产,既可以填饱肚子,也可以置换。

被置于偏见中的、我的女性至亲们

奶奶是一个传统的农村妇女,她身上似乎有着大家印象中对农村妇女所有的刻板印象:精明,爱占小便宜,喜欢喋喋不休,会因为鸡毛蒜皮的事情和邻居破口大骂。直到在她去世后的很多年,邻居提到这个一米五的小个子女人,依然戏谑地说她文(吵架)能提笔定天下。

老家的亲戚们好像总喜欢给人起绰号,奶奶有个被人叫了一辈子的绰号"老拖",配合我们当地方言发音,确实有些滑稽。据说得名于当年在生产队里劳作时,总是落后于人,奶奶的辩解是,自己本来就矮,分配的活儿还多,自然快不了。但其实很少有人听她的辩解,这并不重要,重要的是大伙儿在绰号中找到了乐子。那个年代的农村人似乎总喜欢把自己的快乐建立在别人的痛苦之上,有的有心,有的无心,就像《阿Q正传》中的阿Q一样,大伙儿看着阿Q气急败坏的样子,总能乐得哈哈大笑。

以前我总是为她的"坏"名声感到羞愧,在人们提到她的"英勇"事迹和有些贬低的绰号时,我总是无地自容,并非为她的绰号,而是为我那可怜的自尊。过了很多年,我才逐渐明白她当时为何总不受人待见,傲慢和偏见不仅仅是所谓精英阶层的"特权",农村中也到处充满着阶级和斗争,一个瘦弱的、没有受过任何文化教育的农村妇女,面对周遭的挖苦和讽刺,唯一能做的,只能像刺猬一样露出自己尖锐的刺,但人们通常不会责怪社会的无情,而是指责刺猬过于锋芒毕露了。但有一点在当时我就是确定的,她对我的爱是无私的、毫无保留的,她把对孙子的爱置于一切利益得失和斤斤计较之上,这是人类母性中最为光辉的一面。

我妈在我六七个月的时候就去世了。这个女人在我记忆中没有任何痕迹,唯一的印象是家中一张泛黄的老照片,她身材高挑,穿着藏青色的喇叭裤,留着那个年代时髦的波浪卷,外婆说那还是她在娘家做姑娘时留下的。我妈好像学历还不错,据说是中专毕业,学会计的,这在那个年代也算得上是一个文化人,父亲总说我有点小聪明,估计也是妈妈那边遗传下来的。

对于她的死,在奶奶那里总被描述成一个惊悚的故事,说有一天下午她在地里种花生,傍晚路过村前邻居媳妇的坟头，回来后便喝下亚硝自杀了，因为那家的媳妇就是喝的农药死的。在舅舅那里有故事的另一个版本，说是因为妈妈当时把两只猪崽低价卖给了姨妈，奶奶知道后在人前抱怨，遗憾的是这些闲言碎语传到了妈妈耳朵里，奶奶大呼冤枉，她开始责怪那个在妈妈面前嚼舌根的老太婆。外公说他这辈子最后悔的事情就是那天晚上没有在我家通宵打牌，如果自己后半夜不离开，或许就可以阻止悲剧的发生。父亲也责怪自己没有把亚硝放好，责怪自己睡得太死。

那个年代的很多悲剧都是说不清、道不明的，每个人都在为这件事寻找某种合理的慰藉，但我知道这不怪任何人，一个真正想走的人是留不住的，不然她也不会凌晨起床，喝下半瓶毒药，然后回到襁褓中的儿子身边，安静地躺下，等到父亲听到她喘着粗气的时候已经无力回天。那个凌晨，父亲发疯似的用板车拖着妈妈去医院，妈妈告诉他要照顾好我，等到医院的时候，她已经是一具冰冷的尸体了。

不过她唯一的影像也在老屋翻修时不知所终，对此我并不感到十分遗憾，除了给了我生命之外，她和我的人生没有任何交集，人类最珍贵的情感一定是共同的经历，而不单单是细胞的延续。相反我更加懊恼的是，连同这张照片一起消失的还有那本记载了我的童年、父亲、姑妈的珍贵定格瞬间的相册。这是我最痛心的事情，生命不单单在于经历，还有回忆，照片是普通人存在过的唯一的证明。

奶奶已经去世十多年了，尽管我极力想在记忆中留住她的样子，但现在只有梦中的她是最清晰的，她留给我的唯一照片是那张被剪了一个角的身份证，放在家中三楼她的牌位前，每年过年回家我会拿出来看一看，虽然那是她年轻时候的样子，和我记忆中的她有些出入。爷爷比较幸运，在他去世前，我心血来潮用拍立得给他拍了一张半身照，他戴着编织帽，灰色的棉袄满是污渍，胡子拉碴，却咧着嘴笑得很开心，这张照片我一直随身带在钱包里，想他的时候就会拿出来看一看，仿佛他还在我身边。

照片，承载的不仅仅是当下的美好，更多的是回忆，是失去之后的慰藉。现在我总是尽可能多地用相机记录下生活中的点滴，尤其是家人，尽管父亲并不习惯站在镜头前，但我还是会在他小酌时偷偷按下快门，我不想在遥远将来的一天，父亲的样貌也模糊在我的记忆中，就像我现在回想童年，除了记忆，我找不到任何证明一样。

唯一的父亲，短暂地相聚

说到父亲，我印象中他并不经常回家，而是常年在外打工，所以小时候我最期待的就是过年。只有在过年，我才可以放肆地吃上一条鳊鱼，干掉一整碗红烧肉；只有在过年，亲戚给的破烂棉服和那双既不保暖又不跟脚的老棉鞋才能光荣退伍；也只有在过年，我才可以紧紧依偎在父亲的怀里，听他给我讲龟兔赛跑、猫和蚂蚁的故事。但并非每次都能得偿所愿。每个腊月里我都会向爷爷确认父亲回家的消息，之后每天的日子就是怀着满心的憧憬期盼，等待父亲的归来。那时候交通不便，远归的人到镇上的车站后总会打一辆摩的，我经常在村口的泥土路上望着西边来的车辆，希望在里面发现熟悉的身影，但有好几次，直到那条路上燃起了新年的爆竹，我也没有等到父亲。

对于单亲儿童来说，和父亲的重逢自然是欣喜若狂的，但是年前的短暂重逢意味着年后长久的分别，这对幼时的我来说，是生命不能承受之重。我总是希望父亲可以在家多待几天，但每年的正月初六，送别总是如期而至。我至今都还能清晰地回忆起那个凌晨。那天，我和父亲起了个大早，因为离开的车只有六点的一班，尽管父亲让我多睡一会儿，但我还是坚持要送他去车站，我只是想和他多待一会儿。在他回来的那条路上，我们并排走着，天还没亮，借着天边的鱼肚白，我能看到父亲哈出的白气。正月的凌晨很冷，路上没有行人，道路两旁是空旷的田野，偶尔矗立着零星的光秃秃的树木，世界寂静得只有鞋底敲击冻土的声音。父亲问我冷不冷，我低着头没有说话，我们一路无言走了四五十分钟，到车站时头发上已经蒙上了一层白霜。父亲蹲下来替我拭去，我看到他沧桑的眼眶中噙满了泪水。父亲递给我20元钱，叮嘱我在家要听话，然后站上了离别的汽车。一路以来压抑的情绪终于决堤，泪水夺眶而出，我再也控制不住，大哭着拉着父亲的手。司机没有催促，好心地给父亲留着门，但车辆已经缓缓发动，父亲把着车门，探出半个身子冲我挥手，大声嘱咐我好好学习，他哽咽着，不舍、无奈，我追着汽车跑了好久，直到汽车在视野中消失不见。我知道，下一次见面，又需要等待一年。

在我写下这段文字的时候，我还是没能控制住自己的眼泪，我仿佛又回到了那段情感上无依无靠的岁月。对于单亲儿童而言，相比于物质上的困难，情感的缺失才是最大的痛苦。直到很多年后我在电视节目上看到两个和尚摇着铃铛唱着《世上只有妈妈好》的时候，我仍然会躲在被子里泪如雨下。

小时候我最害怕上的就是和母爱有关的课，当老师让我们写一篇关于母爱的作文时，我无从下笔，因为我从不知母爱为何物。甚至在我最需要父爱的时候，我也不曾放肆地拥有过。我曾经责怪过父亲，为什么当年不把我带走，我不知道父亲当年是怎么样的处境，但我相信他一定有他的苦衷，父亲从来没有在那个城市生过根，他也是那个城市的漂泊者，住在破旧的民房里，做着底层的工作，他无法掌控自己的命运，也给不了我情感的慰藉，放下砖不能养，抱起砖不能陪，这不仅仅是我和父亲，更是千千万万个普通家庭里的孩子和父亲。

正是这段经历，让我从小在情感上变得很独立，无数次的孤单、无助、恐惧，让我明白我的身后没有依靠，别人摔倒可以哭着回家找妈妈，可我不敢回头，我只能站起来，坚强地走下去。

我的童年说：
"要努力求索"

父亲不在的日子，我和爷爷奶奶相依为命，准确来说是和奶奶相依为命，很长一段时间里，爷爷也跟着村里的包工头外出打工去了。留守，成了我童年的代名词。

没有母亲的我在村里被他人视作是没妈的野孩子，我的脸上常年挂着一条鼻涕，惹是生非，调皮捣蛋又脏兮兮。夏天的时候我总是光着上半身，从村头窜到村尾，只要是饭点，奶奶一定会跛着小脚挨家挨户地寻我回家吃饭，村里面到处回旋着她唤我乳名的声音。但我不爱回家，因为永远是清汤寡水，一锅小米玉米粥一喝就是一年，以至于我营养不良、骨瘦如柴。我曾经望着挂在房梁上的猪头馋了好久，但奶奶总念叨着不能吃，万一来个亲戚没法招待，于是从过年挂到夏天。当亲戚来了，我揭开锅盖时，浑浊的水面上漂浮着一层蛆，亲戚一筷未动，我兴高采烈地独享了这份白切猪头肉，那是我吃过最香的猪头肉。

其实20世纪90年代的农村，物质条件并不匮乏，但我似乎只顾得上温饱。说出来可能很多人不信，一根火腿肠、一瓶娃哈哈、一袋方便面，对我而言都是特别稀罕的零食，我常常眼巴巴地羡慕别人，回来后揪着奶奶的衣角央求她能不能给我买点，奶奶心疼我，最终带着我到村口的小卖部赊了一些解馋的零食，记忆中有花生牛乳糖、"唐僧肉"、辣条，还有2毛钱一瓶的汽水，但随着次数的增多，再有耐心的乡间邻里也会变得厌烦，最终奶奶学会了以物易物。

我就这样成长了起来。童年的生活确实是艰苦的，甚至在很多人眼里，这可能是苦难。按照惯例我似乎应该歌颂一下苦难，但苦难本身并不值得歌颂，我更应该歌颂一下在苦难中成长起来的人。我的父亲，我的奶奶，我的爷爷，出生在农村，也许注定无法摆脱苦难，但他们从未放弃，依然在

坚强地活着。

我也想赞美一下我自己，为我的不屈，为我的求索。很多人都会有这样一个观点：一个人的出身往往会决定一个人的命运。连柏拉图这样的大哲学家在《理想国》中也将人分为三六九等：老天铸造他们的时候，在有些人身上加入了黄金，这些人是最宝贵的，是统治者；在辅助者（军人）的身上加入了白银；在农民以及其他技工身上加入了铁和铜。社会试图以"出生论"说服我们心平气和地接受命运：像我这样的一个普通人，出生在一个如此普通的家庭，似乎就应该普普通通地过完这一生。

但我从来不会向命运低头，我从不觉得出生对一个人的命运是决定性的。人生就是一场牌局，从出生那一天起，性别、出身、家庭、天赋，都已既成事实，我们唯一能做的，就是打好手里的每一张牌，把握赢的机会，这是人生的残酷，也是人生的魅力。出身寒微，从来不是耻辱，能屈能伸，方为丈夫。当然，**出生对命运可能不是决定性的，但不能否认的是会让人跑得更快**，这也是我一直坚持努力的原因，因为我不希望自己的孩子以后一出生就输在起跑线上，我不希望他走我曾经走过的路，我希望他能轻松一点，无论在情感上，还是经济上。

其实有时候想想，我的童年并非一直是灰色的，也有很多快乐的事情。夏天，我会到处摸鱼、掏鸟蛋，躺在花生地里偷吃还没完全成熟、带着泥土的花生；我会和隔壁大哥从他家冰柜里偷出半个猪脚，躲在楼道里用洋蜡烛烤着吃，虽然半生不熟，但那个味道至今依然回味无穷；午饭时，我跑到邻居家门口蹭两块腊肉的事情至今还被人津津乐道；放学后，在灶台口的草垛里意外发现姑妈送来的一串香蕉，也曾让我欣喜若狂。艰苦生活中也有快乐和幸福，就像有裂缝的生命中，也有阳光。

长大后，
我学会告别和离去

2015年12月28日，我参加完研究生考试的第3天，那天很冷，好像整个冬天沁入骨髓的寒意都在这一天毫无保留地释放。晚上七八点，我接到我父亲的电话："爷爷说他吃的东西咽不下去，顶在胸口，你赶紧回去，带他去医院查一下。"父亲的话语中充满了担忧，他迟疑了好久，艰难地吐出一句："恐怕……是癌症。""癌症"两字，恐怕连没上过学的小朋友也知道它是死亡的同义词，我脑中顿时一片空白，眼泪瞬间溢出眼眶。

对于至亲的人，我们总是无法接受他们任何的不幸，哪怕只是一种可能，我们也会心如刀绞。许久后，理性才逐渐恢复，我整理好情绪，打电话询问爷爷的病情，爷爷一直有胃病，这次他也以为是胃炎，我也希望这次依然和往常一样。夜深人静的时候，我上网搜索，心存侥幸地疯狂地在各种医生的回答中寻找那一丝可能性，希望这只是一个命运的玩笑。这一晚，我一夜未眠。

第二天我坐上了最早一班回家的大巴车，看到爷爷时，他正搓揉着过年做馒头需要的面团，足有几十斤，是我家和姑妈家过年做馒头的用量。爷爷是个能工巧匠，他是个好瓦匠，家里的灶台是他砌的；他也是个好木匠，自己可以做凳子、椅子、砧板，小时候给我做过拨浪鼓，还给我做过假胡子，让我在邻居面前戴上唱蹩脚的黄梅戏；他好像也是个美食家，每年的饺子都是他一手包的，有猪肉白菜馅、萝卜丝馅和豆沙馅的。他做事一向利索麻利，只是今年他的背影稍显吃力、单薄，当他转过身来，我看到他形容枯槁。

又是一个大早，我带着爷爷坐了一个小时的公交车，到镇上的医院做了胃镜。"食道癌，晚期"——医生拿着化验报告，宣告我最后的一丝希望破灭，我号啕大哭，在喧闹嘈杂的医院中，人群向我投来同情但又习以为常的目光。两天以来压在心头的石头终于落地，狠狠地砸在了我脆弱的神经上，泪眼蒙眬中，我只记得医生说"别哭了，你爷爷马上醒过来了，最好别让他知道"。

我和父亲约定好隐瞒爷爷的病情，只是我实在不善于伪装，我红肿的双眼和故作镇定的语气终究溃不成军，医院门口的小餐馆里，爷爷平静地接受了命运的安排，而我，也在泣不成声中，心有不甘地接受了这个阴郁冬天的清晨。

这已经不是我第一次直面死亡了。2008年大年三十的晚上，一手拉扯我长大的奶奶在我面前突发脑出血，电视里播放着春节联欢晚会，一片欢声笑语，奶奶祥和地躺在冰冷的地上，还没有来得及和我告别，从椅子上瘫软倒地到宣告死亡，前后不过一分钟，外面烟花爆竹齐鸣，我经历了人生中第一次刻骨铭心的生离死别。对奶奶的突然离去我没有任何准备，直到现在，我依然自责没有在她在世的时候给予她更多的陪伴，没有让她颐养天年，她带着操劳离开了这个并不完美的世界。那一年，我似懂非懂地明白了生命的脆弱和世事的无常，人生中有很多的离去是没有告别的，也有很多的风景，还没有来得及好好看就消逝不见，也许，珍惜当下要胜过大张旗鼓的仪式。

树欲静而风不止，子欲养而亲不待，在爷爷生命中的最后半年时间里，我一刻不离地陪伴着他。我看到他对这个世界的留恋，他会骑着电瓶车去田间地头转一转，午后依然会和他的老朋友们打打长牌，躺在床上也不忘听听小曲，看看云南山歌碟子；我看到他眼中的不舍，我问过他是否害怕离去，他说："傻孩子，谁不害怕，但是相比较于离去，我更担心的是你们以后的生活，再也没了我。"

是啊，每个人都恐惧死亡，但相比较于死亡本身，我们更害怕失去，害怕失去和亲人的连接，害怕失去这个世界上和自己有关的一点一滴，害怕被遗忘，真正的死亡从来不是肉体的消灭，而是这个世界上再也没有人记得你，记忆，是我们曾经来过这个世界的唯一证据。我告诉爷爷，你会永远活在我心中；我也看到他的消亡，从鲜活到枯萎，从90斤到70斤再到皮包骨，从米粥到水汤再到滴水不进，从蹒跚到卧床再到大小便失禁，我睡在他脚边陪他度过长夜，我帮他换下沾满排泄物的尿不湿，我替他擦拭掉癌疼时豆大的汗珠。村里人赞扬我替父亲尽孝，同时也在指责父亲的失职。

但我理解我的父亲，作为全家唯一的收入来源，床前尽孝和膝下尽责不能两全，我只是儿子，可父亲不仅仅是儿子，还是我的父亲，医疗费、我未来的读书费、整个家庭的开支全在父亲一人身上，这是多少普通家庭的难处！我也感谢命运，爷爷最后的时光恰好是我等待研究生录取的时间，给了我尽孝的机会，而又有多少的家庭因为生活的重担而不得不在经济压力和亲情之间做出痛苦的抉择！

来家里看望爷爷的亲戚越来越多，我知道爷爷的生命即将走向终点。2016年6月29日，所有后辈不约而同地赶回到爷爷的床前，我们搀扶着他在家里吃了最后一顿团圆饭。晚上临睡前，爷爷叮嘱我和父亲守着他，灯不要关。人对自己的大限之日似乎早有预知，只是后来我才知道这是爷爷最后的交代。半夜时分，爷爷从迷糊中醒来，呢喃着问我"考上研了吗"（他好像已经忘记我被录取了），我紧握着他的手告诉他"我考上了"，爷爷的眼睛已经很难睁开，语气中却带自豪，"我们家也出了个研究生了"，爷爷又问"给你爸介绍的人（对象）怎么样了"，我俯身告诉他"快成了，你放心吧"。爷爷听罢,摆了摆手说很热,示意我把被子拿走,我给他换了一条薄被子,他又陷入了昏睡。

我就这样和父亲静静地守在床边,当奇怪的困意突然来袭时,父亲让我先去隔壁房间躺会儿,年轻的我并未意识到结局已经悄然来临,这也因此成了我这辈子最后悔的一个决定。我睡得很不踏实,半梦半醒,氤氲间似乎总感觉旁边有人。突然传来父亲的一声哭喊,似惊雷般在寂静的夜晚炸开:"辉儿,爷爷走了!"我的思绪瞬间被拉回现实,大脑先于身体醒来,意识推动着我狂奔,可是迟钝的四肢依然处于麻木中,我一个趔趄摔倒在地,我只能张大嘴巴声嘶力竭地呼唤着爷爷,我哭着,跪着,爬到爷爷床前,爷爷安静地闭着眼睛,就像往常一样,一只手搭在胸前,我泪眼婆娑看了看墙上的钟,6月30日凌晨2点。

如何接受离去

"我再也没有父亲了。"

"而我,再也没有爷爷了。"

我原本以为做好了充足的心理准备，我们就能平静地接受亲人的离去，可没有想到当狂风暴雨来临的一瞬间，我们还是会慌不择路。爷爷离开后，我陷入了巨大的抑郁中，大半年的时间，我每天需要听着《大悲咒》入睡，父亲告诉我要坚强，你已经长大了。曾经我渴望长大，长大意味着拥有更多，更多的时间、更多的经验、更多的朋友、更多的亲情，但生命中的两次潮湿让我知道了成长要付出代价，**现在我愈加笃定，成长其实就是不断失去的过程。**

《城南旧事》中的小英子在那个风雨交加的夜晚失去了秀贞和妞儿，像极了长大后失去了童年时最重要玩伴的我们；当宋妈在一个雪后的清晨坐着丈夫的毛驴渐行渐远，英子反复向妈妈确认宋妈是否还回来的时候，我们也在无数个分别的瞬间眼含热泪地笃信着离人还会归来；而英子最终学会了平静地接受爸爸永远离去的事实，不吵不闹，我们也和英子一样，接受失去的同时，变得独立、成熟、坚强。

时间永远是最好的良药，后来我接受了生活中再也没有爷爷的事实，就像当年接受了奶奶的不辞而别一样。我感谢命运，让我很早就上了关于死亡的一课，生老病死，生离死别,不过万物规律,任何人对此终究是无能为力。《庄子》中说道:"死生,命也,其有夜旦之常,天也。"生死和白天、黑夜一样,早有定数,无法改变,每个人最终的宿命都是殊途同归——不可避免地走向死亡,死亡是确定的,我们必须承认这一点,不仅仅是亲人,终有一天,我们也会离去。

对死亡,我们应该恐惧吗

我在很早的时候就接受了死亡的存在,但在很长一段时间内,我依然恐惧死亡。奶奶曾经开玩笑说希望自己去世的时候快一点,少点痛苦,命运满足了她这个并不过分的要求,但我想她最大的遗憾一定是还没有做好离开的准备。爷爷准备充分,但他也叹息没想到被病痛折磨得如此漫长并感叹奶奶的幸运。我曾经设想过多次自己死亡的场景,很多可能性我都能够坦然接受,但细细想来,预设本能地包含了死亡本身以及死亡时间、方式的确定性,而我只需等待。

有一种情形让我痛心:没有征兆地突然离去,该爱的人还没有来得及好好爱,该做的事情还没有做完,而我再也没有任何机会。对这种不确定性的恐惧藏在我们每个人的基因中，我发现我害怕的并非死亡的确定性，而是死亡时间和方式的不确定性，和大部分人一样，我们恐惧的不是死亡本身，而是不知道死亡会在哪一天以何种方式降临。

《生命的礼物》中说："死亡使我们意识到，生命只有一次机会。我们应该充分地生活，带着最少的遗憾结束它。"也许应对死亡最好的方式，就是用确定性对抗不确定性，而人生中唯一能够确定的事情就是此时此刻——我们的生活。你手头的工作，你身边的爱人，你看过的每一本书，去过的每一个地方，是确定的，你应该感受它，体会它，做好它。

曾经我很少和父亲通电话甚至很少回家，但是这些年我正在改掉这个臭毛病，因为父慈子孝是不确定的，而一声"父亲"是确定的；爱是抽象的，而拥抱是具体的，我们要学会拥抱具体的人。站在死亡的结局回看人生，你会发现既然死亡是每个人的最终归宿，那生命的意义，本质在于个体独特的生活经历，不同的经历定义了不同的你我，轰轰烈烈也好，平平淡淡也罢，甚至是亲人离去，都是我们经历的一部分，是"我"之所以为"我"的证明。充分地体验着每一次经历，我相信死亡带不走我们的任何东西，唯一能带走的只有我们的肉体，而经历会被永远镶嵌在时间的缝隙中，作为我们的墓志铭。

生命的意义在于"留下点什么"

2023年12月23日，我早早起床，和几个朋友前往八宝山东礼堂，送别江平先生。寒风凛冽，几千名前来吊唁的人在灵堂外伫立了几个小时，为一个时代的法治脊梁、洪钟巨响做最后的告别。回来的路上，我问大家："生命的意义到底是什么？"队伍中的老大哥说："你总要为这个世界留下点什么。"

我相信人群自发的送别绝不是因为江先生94岁的高龄，不是因为他是终身教授抑或中国政法大学的校长，而是因为江先生的经历和经历中所蕴含的不屈精神。"白首穷法，法治天下，天不生人上之人；青山尽幸，铮骨无双，地永抱赤子之躯"，江先生曾用法治良心为呼格吉勒图写下了墓志铭，而现在"法治天下"之碑不仅仅立在政法大学的校园内，更立于每个法律人的心中，群众用怀念为江先生写下了永远的碑文。老大哥说江平先生在生命中的最后时刻是非常平静的，智者总是随时赴死，因为死亡何时到来、以什么方式到来，已经没有任何区别，他们的经历——已经完整了。

接受离去，好好活着

我不是一个特别善于思考的人，但是对于人死后到底去向何方，我曾经冥想过很久，当然这个问题是没有答案的，我也看过很多解释，宗教的、哲学的、佛家的、道家的、古埃及的、基督教的，很久以后，我看到陈果教授关于死亡的一篇讨论，很是温馨，也许可以帮助那些失去亲人的可怜人寻求一丝心灵的慰藉。

法国电影《后来》中，父亲对女儿说："我想其实我们死了，并不意味着我们就不存在了，也许会存在于别的地方……就像一艘船消失在远方，看不见了，并不代表它就不存在了……死亡也是一样，它只是用一种我们看不见的方式，存在着。"电影到这里戛然而止，复旦大学的陈果教授曾给这个故事加了一个美好结局：

女儿继续问爸爸："航船还会回来，可是为什么死去的人从来不回来？"

"因为他们去的地方比这里更美好，所以他们不愿意回来，但是亲爱的，我们还会再见到他们的，因为我们也在往那个方向去，而他们在那里等着我们，有一天，在那个更美好的地方，我们还会相拥。"

村上春树说：死并非生的对立面，而作为生的一部分永存。

理解死亡，接受死亡，超脱死亡，但更重要的是，好好生活。

吾心安处是归途

读研的那几年，除了过年，我一次也没在家住过。

给爷爷办完头七后，父亲说："明天我就回去上班了，厂里只批了这几天。你在家里待到七七……"父亲顿了顿，"要不，去姑妈家待几天也行。"我突然有点失落，内心好像有什么东西掉了下来。爷爷的遗像安静地摆在两个香炉后，他还是面容慈祥，只是再也无法和我聊起乡间邻里的家长里短。那张磨损的八仙桌上，仿佛还能闻到爷爷包的饺子馅的味道，但北边的那个方位上，永远只留下一张空荡荡的凳子。这个家，好像只剩下一堆砖瓦和木头。

有人的地方才是家

2008年我在镇上读高中，一离家就是一个月。学校通知我们放寒假的那天正好下起了大雪。下午三点，我顶着雨雪，迫不及待地骑着电瓶车踏上了回家的路，我想家了，我想奶奶了。在离家还有六七公里时，车没电了，我只能下车推着走，大雪拖慢了我的脚程，到晚上十二点，我才行进到村口。

借着大雪反射的月光，我看到一个熟悉的瘦小身影，奶奶一直在村口等着我，雨雪早已打湿了她的衣襟。提前回到村里的发小告知了奶奶我今天回家的消息，焦急万分的她以为我遭遇了不测，她连伞都没打就冲进了雪里，邻居说她已经在村口站了好几个小时。那时候老屋还没翻新，破旧、昏暗，褪去颜色的木门总是吱吱作响，老式的黑白电视永远是一片雪花，后窗碎掉的玻璃用纸板镶嵌着，电灯还需要用一根长长的绳子拴在床头，但不管多晚，那盏微弱的灯火永远为我留着。

后来读了大学，我到了更大的城市，一走就是半年。奶奶已经过世，但爷爷还在，家，依然是我温暖的港湾。有时候我会半夜出现在家门口，"谁呀？"黑暗中爷爷的声音由警觉变成惊喜，他提着松松垮垮的秋裤起来给我开门，再给我做上一碗简单的面条；有时候我会提前告诉爷爷，他兴高采烈地开着电瓶车把我从车站接回；有时候我也会贪玩，在县城的同学那里玩上几天，我永远不担心回家的时间，因为我知道，任何时候家里永远有个人在等着我。

但现在，爷爷也走了。

我最终一个人在家待到了爷爷七七那天，做完所有的法事，我和父亲整理好爷爷的遗物，锁上了大门。走的时候邻居问：什么时候再回来？父亲沉默了，我也不知道，大概是过年吧。

父亲说他也不爱回家了，那个屋子，好像在他的父亲离开后，再也没了回去的理由。

研三的那个暑假，因为落户，我要到派出所开一些证明材料。当我再次从那个我经过了无数次的车站下车时，我恍惚了，我不知道我是直接去完派出所就坐上回去的汽车，还是应该回去看看。以前，我肯定会毫不犹豫地去往家的方向。我最终还是坐上了回去的三轮车，车站到家只有五分钟车程，这条回家的路，爷爷曾经领着我走了无数遍。家里冷冷清清，空空荡荡，一切还和半年前离开时一模一样，只是墙上的钟不知道什么时候已经停止了转动。厨房的碗筷安静地躺在消毒柜里，锅反扣在燃气灶上，如果爷爷还在，香喷喷的米饭应该已经摆上了饭桌，床上的被褥应该也已经铺好了吧。我给爷爷奶奶上了香，关门的时候又遇到了隔壁邻居，大叔邀请我在他家吃了午饭，吃过饭邻居说：以后回来不嫌麻烦的话就在我家吃饭，就睡我家。我鼻子一酸，可我的家，就在旁边啊。

幸运的是，这几年，父亲从厂里退休，那个屋子，又重新焕发了生机。2022年的春节，新冠肺炎疫情最严重的时候，朋友都劝我留在北京，父亲也让我尽量别回去，但我还是义无反顾地踏上了回家的旅途。他乡有房不是家，有父母的地方才是家。

落后的老家，是回不去的归途

以前我总是嫌弃老家的落后，向往大城市的繁华。现在我也在大城市打拼了好几个年头，却发现老家似乎已经离自己越来越远。大城市里很多高楼大厦，但每家每户都很安静，安静到住了三年，我都没见过对面的邻居；老家虽然陋室小舍，却热热闹闹，热闹到一个人可以见证你的一生。我想可能是因为，城市住的是儿女，老家住的是父母，城市是梦想，老家是归途吧。

某一天，发小突然打电话告诉我他的父亲去世了，我有些错愕，过年还催促我赶紧带个对象回家的大叔，之后却再也见不到了，父亲说村里的老人今年又陆续走了几个，都是我熟悉的名字，那些看着我长大的人好像越来越少了，跟父亲一样年纪的邻居们也在不知不觉中开始弯腰驼背。

我想起大年初一走在路上，多了好多陌生的脸孔，那些穿着新衣、追逐嬉闹的小孩也不知道来自谁家，我看他们脸生，他们看我也脸生。小孩以为我是外村过来走亲戚的，礼貌地问我找哪家人，他们当我是过客，其实我才是这个村子里长大的那个人啊。这个我曾经无比熟悉的地方，居然一瞬间开始陌生起来。

我想起自己小时候，也像他们一样，拎着红色塑料袋挨家挨户地要糖果，从村这头到村那头，我可以准确无误地叫出每一个长辈的称呼，但现在，我接的不再是糖果，而是烟，递烟的也不再是从前的人，而是他们的子女。我想起那时候还是泥土路，到前庄要绕很远的路，所以我都是穿过那片农田，脚底上沾满了泥土，听到我在很远的地方跺脚，那些慈祥的爷爷奶奶就会抓起糖果笑眯眯地迎我进屋，而现在再也不用穿过农田，那些泥土路也都变成了水泥路，但前庄我却很少再去了。

我记得那时候五毛钱的老冰棍可以让我开心一整天；我记得把路两旁的秸秆堆掏空就是一片新大陆；我记得那时候的鞋子永远不跟脚，但我永远跑得很快；我记得风吹杨树发出的沙沙声，我们在树底下乘凉；我记得清晨6点钟在大雾中打着手电筒上学，到学校时头发已经全湿了；我记得布谷鸟一叫，麦子就熟了，放学回家爷爷奶奶都去地里割麦子了，厨房还留有他们做的饭，我吃完后趴在门口的椅子上写作业，然后和小伙伴们捉迷藏、打弹珠……人啊，总是在冬天怀念夏天，又在成年的时候怀念童年，可冬天怀念夏天终会再逢夏天，成年怀念童年可否再童年？我们小时候总是幻想自己快点长大离开老家，可是长大了才发现，那个自己曾经嫌弃的老家，却成了再也回不去的天堂。

我觉得我是幸运的，至少目前我还有父亲，让我还有家可归，让我的人生还有来处，多少人，父母去后，人生只剩下归途。

乡愁是我心中前行的灯

在爷爷去世的前一年，父亲把老屋推了，在老屋后面的那片花生地里，新盖了一幢两层半的小楼。

老屋消失已经六七年了，但奇怪的是，在梦里反复出现的永远都只有那间老屋。梦里奶奶还在，牵着我坐在灶台前，用火钳夹着玉米棒生火，火光在她的脸上摇曳。梦里爷爷也在，他还是会从井里打起满满一桶水，在夏天炎热的傍晚用力泼到门口发热的晒场上，水汽扬起尘土，空气中弥漫着泥土的气息，我记得爷爷说那是洋灰地的味道，不过现在我才知道，那其实是老家的味道。

父亲说我小小年纪居然有了乡愁，但乡愁似乎从来都和年龄无关，从我离开家乡的第一天，乡愁就在我心中埋下了根。无论我走得有多远，它总会在不经意间涌现，让我心生温暖。

在城市的喧嚣中，在浮华的名利场，我也常常会迷失方向，而忘记了最初的自己，只有在夜深人静时，回忆才会像一条河流，带我回到出发的地方，让我在繁忙和变化中找到片刻的宁静和纯粹。每当我回到老屋的废墟旁，听到风中依稀的呼唤，我似乎又找回了曾经纯真的自己，那个满怀梦想、对未来充满好奇的我，那个在乡间小路上奔跑的我，那个在夜晚数星星的我。

老家仿佛是我心中的灯，不但照亮我前行的道路，更时刻提醒着我，无论走得多远，都不要忘记初心，不要忘记那个爱冒险、爱探索、不害怕失败的少年；不要忘记那份对生活的热爱，那份对小事的感动；不要忘记家乡那片土地对我

的养育，那些简单生活中的真谛。

北京距离老家 1000 多千米，每次回家都需要花费四五个小时，归途从来都不仅仅是物理上的路，更是心灵的旅程。这些年走南闯北，我也去过不少城市，但我知道，不论身在何处，心中那个温暖的家乡永远是我的精神家园，我总能在心中找到回家的路。

老家教会了我很多，家庭的重要性、坚持的力量、逆境中保持乐观的态度，这些是我根深蒂固的归属感，也是我不断前进的动力，它让我的每一步都走得更加坚韧，因为我知道，无论未来如何变化，总有一个地方，是我永远的归宿，那就是我的家乡，我的根。